卓越工程师教育培养计划系列教材

王卫东　徐洪军 ◎ 主编
张振坤　刘　放 ◎ 副主编

化工原理实验

化学工业出版社

·北京·

《化工原理实验》共8章，内容包括实验误差分析和数据处理、化工实验测量技术与常用仪表、基础与综合实验、选做与演示实验、化工原理实验仿真、化工原理实验室常用仪器的使用方法、化工原理实验常用程序和化工原理实验报告的撰写。

本书以处理工程问题的实验研究方法为主线，着重于理论联系实际，并强调工程能力、创新思维和创新能力的培养，实用与理论兼顾。

本书可供高等院校化学工程与工艺及其他相关专业作为化工原理实验课的教材或参考书，也可供在化工、石油、纺织、食品、医药、环境工程等领域从事科研、生产的技术人员参考。

图书在版编目（CIP）数据

化工原理实验/王卫东，徐洪军主编．—北京：化学工业出版社，2017.8（2021.2重印）

卓越工程师教育培养计划系列教材

ISBN 978-7-122-29989-5

Ⅰ．①化⋯　Ⅱ．①王⋯②徐⋯　Ⅲ．①化工原理-实验-高等学校-教材　Ⅳ．①TQ02-33

中国版本图书馆CIP数据核字（2017）第145039号

责任编辑：徐雅妮　　　　　　　　　　　　文字编辑：丁建华
责任校对：王素芹　　　　　　　　　　　　装帧设计：关　飞

出版发行：化学工业出版社（北京市东城区青年湖南街13号　邮政编码100011）
印　　刷：三河市航远印刷有限公司
装　　订：三河市宇新装订厂
787mm×1092mm　1/16　印张11¼　字数263千字　2021年2月北京第1版第3次印刷

购书咨询：010-64518888　　　售后服务：010-64518899
网　　址：http://www.cip.com.cn
凡购买本书，如有缺损质量问题，本社销售中心负责调换。

定　　价：30.00元　　　　　　　　　　　　　　　　　版权所有　　违者必究

前　言

本书根据高等院校化工原理实验教学的实际需要和课程体系的基本要求，结合"卓越工程师教育培养计划"和"全国工程教育专业认证"指标体系的人才培养要求，融合吉林化工学院及兄弟院校多年的实践教学经验和改革成果编写而成。

本书强调化工实验过程的共性问题，突出实验教学应具有实践性和工程性，力求通过实验培养学生综合运用理论知识解决实际问题，掌握正确表达实验结果的方法，旨在开拓学生的实验思路，学习新技术和新方法，培养学生综合能力和团队协作精神。本书在编写过程中以应用为目的，介绍科学安排实验和定量评价实验结果的方法（第1、7章）；以正确掌握和运用测控技术为原则，精编了化工实验测量技术与初步过程控制的方法（第2、6章）；以多年完善后的化工原理实验装置为蓝本，编排以培养学生实践能力为目的的化工原理实验（第3、4章）；以强化仿真技术与实验的融合为目的，介绍化工原理实验仿真（第5章）；以培养学生实验报告的撰写能力为目的，编入化工原理实验报告的撰写（第7章）。

本书由王卫东、徐洪军主编，由张振坤、刘放副主编，计海峰、刘保雷、戴传波等参加了编写。袁博、孙健等参加了本书部分文字整理、素材搜集与制作等工作。本书承蒙吉林化工学院庄志军教授主审，并提出许多宝贵意见。

在本书编写过程中得到了北京化工大学杨祖荣教授和王宇副教授、中国石油吉林石化分公司化肥厂张玉玲高级工程师的支持和帮助，对此表示衷心的感谢！

在本书的编写过程中，吉林化工学院张卫华高级工程师、曾庆荣教授、潘高峰副教授对书稿提出了许多宝贵意见，在此致以诚挚的感谢！

由于时间仓促和水平有限，书中难免存在不足之处，衷心希望读者指正。

编　者
2017年5月

目 录

0 绪论 / 1
    0.1 化工原理实验课特点 ………………………………………………………… 1
    0.2 化工原理实验目的 …………………………………………………………… 1
    0.3 化工原理实验的教学要求 …………………………………………………… 2
    0.4 化工原理实验室规则 ………………………………………………………… 3

第 1 章 实验误差分析和数据处理 / 5
    1.1 有效数字和实验结果的表示 ………………………………………………… 5
        1.1.1 有效数字 ……………………………………………………………… 5
        1.1.2 科学计数法 …………………………………………………………… 5
        1.1.3 有效数字的运算 ……………………………………………………… 6
    1.2 实验数据的真值与平均值 …………………………………………………… 6
        1.2.1 真值 …………………………………………………………………… 6
        1.2.2 平均值 ………………………………………………………………… 6
    1.3 实验数据的误差来源及分类 ………………………………………………… 7
    1.4 误差分析与表示 ……………………………………………………………… 8
        1.4.1 直接测量与间接测量 ………………………………………………… 8
        1.4.2 直接测量结果的误差分析 …………………………………………… 8
        1.4.3 误差传递 ……………………………………………………………… 9
    1.5 实验数据的精密度、正确度和准确度 …………………………………… 11
    1.6 数据处理方法 ……………………………………………………………… 11
        1.6.1 实验数据列表法 ……………………………………………………… 12
        1.6.2 实验数据的图示（解）法 …………………………………………… 13
        1.6.3 用数学方程式表示实验结果 ………………………………………… 14
        1.6.4 实验数据的插值法 …………………………………………………… 19
        1.6.5 化工数据的相关性 …………………………………………………… 20

第 2 章 化工实验测量技术与常用仪表 / 23
    2.1 温度测量 …………………………………………………………………… 23
        2.1.1 热电偶温度计 ………………………………………………………… 23

2.1.2 热电阻温度计 ……………………………………………………………… 26
2.1.3 测温仪表的选择与比较 ………………………………………………… 27
2.2 压力测量 …………………………………………………………………………… 28
2.2.1 液柱式压力计 …………………………………………………………… 29
2.2.2 弹性压力计 ……………………………………………………………… 29
2.2.3 电测压力计 ……………………………………………………………… 30
2.2.4 压力计的校验和标定 …………………………………………………… 31
2.3 流量测量 …………………………………………………………………………… 31
2.3.1 差压式流量计 …………………………………………………………… 31
2.3.2 转子流量计 ……………………………………………………………… 32
2.3.3 湿式流量计 ……………………………………………………………… 32
2.3.4 涡轮流量计 ……………………………………………………………… 32
2.3.5 质量流量计 ……………………………………………………………… 32
2.3.6 流量计的检验和标定 …………………………………………………… 33

第 3 章 基础与综合实验 / 34

3.1 流体流动阻力测定实验 …………………………………………………………… 34
3.2 流量计的标定实验 ………………………………………………………………… 39
3.3 离心泵特性曲线测定实验 ………………………………………………………… 43
3.4 恒压过滤常数测定实验 …………………………………………………………… 48
3.5 板框过滤实验 ……………………………………………………………………… 52
3.6 包裸管热损失实验 ………………………………………………………………… 55
3.7 空气对流传热系数的测定 ………………………………………………………… 60
3.8 传热平台实验 ……………………………………………………………………… 65
3.9 氧解吸实验 ………………………………………………………………………… 69
3.10 精馏实验 …………………………………………………………………………… 76
3.11 萃取实验 …………………………………………………………………………… 81
3.12 流化床干燥实验 …………………………………………………………………… 86
3.13 萃取精馏法制无水乙醇实验（综合类创新实验） ……………………………… 91
3.14 膜蒸馏实验（综合类创新实验） ………………………………………………… 94
3.15 传质分离与精制实验（综合类创新实验） ……………………………………… 103
3.16 连续精馏综合实验（操作实训类实验） ………………………………………… 107

第 4 章 选做与演示实验 / 112

4.1 伯努利方程实验 …………………………………………………………………… 112
4.2 流线演示实验 ……………………………………………………………………… 113
4.3 雷诺实验 …………………………………………………………………………… 114
4.4 动态过滤实验 ……………………………………………………………………… 116
4.5 升膜蒸发实验 ……………………………………………………………………… 118
4.6 温度校正实验 ……………………………………………………………………… 120

4.7 压力仪表标定实验 ……………………………………………………………… 122

第5章 化工原理实验仿真 / 124

5.1 仿真技术简介 …………………………………………………………………… 124
5.2 化工原理实验仿真软件 ………………………………………………………… 124
5.3 系统功能 ………………………………………………………………………… 125
　5.3.1 授权中心的使用 …………………………………………………………… 126
　5.3.2 思考题测试的使用方法 …………………………………………………… 127
　5.3.3 参数配置功能的使用 ……………………………………………………… 128
　5.3.4 数据处理的使用 …………………………………………………………… 129
　5.3.5 实验报告 …………………………………………………………………… 130
　5.3.6 网络控制（学生站）……………………………………………………… 131
　5.3.7 网络控制（教师站）……………………………………………………… 132
　5.3.8 电源开关的使用 …………………………………………………………… 134
　5.3.9 阀门的调节 ………………………………………………………………… 134
　5.3.10 压差计读数 ……………………………………………………………… 135

第6章 化工原理实验室常用仪器的使用方法 / 136

6.1 变频器 …………………………………………………………………………… 136
　6.1.1 面板说明 …………………………………………………………………… 136
　6.1.2 变频器的简易操作步骤 …………………………………………………… 137
　6.1.3 注意事项 …………………………………………………………………… 137
　6.1.4 操作示范 …………………………………………………………………… 137
6.2 AI人工智能调节器 ……………………………………………………………… 137
　6.2.1 面板说明 …………………………………………………………………… 137
　6.2.2 基本操作 …………………………………………………………………… 138
　6.2.3 AI人工智能调节器及自整定（AT）操作 ……………………………… 138
　6.2.4 功能及设置 ………………………………………………………………… 139
　6.2.5 使用举例 …………………………………………………………………… 141
6.3 阿贝折射仪 ……………………………………………………………………… 141
　6.3.1 工作原理与结构 …………………………………………………………… 141
　6.3.2 使用方法 …………………………………………………………………… 142
　6.3.3 注意事项 …………………………………………………………………… 142

第7章 化工原理实验常用程序 / 143

7.1 VBA编程基础 …………………………………………………………………… 143
　7.1.1 VBA程序组成 …………………………………………………………… 143
　7.1.2 Excel环境下用VBA编程 ………………………………………………… 143
　7.1.3 Excel的Visual Basic编辑器 ……………………………………………… 145
　7.1.4 编辑及运行程序 …………………………………………………………… 147

7.2 实验数据的 Excel 图示方法 …………………………………………………………… 148
　　7.2.1 图表的基本概念 ………………………………………………………………… 148
　　7.2.2 建立图表举例 …………………………………………………………………… 149
7.3 一元线性回归程序 ……………………………………………………………………… 153
7.4 插值计算程序 …………………………………………………………………………… 155

第 8 章 化工原理实验报告的撰写 / 157

8.1 实验报告的撰写要求 …………………………………………………………………… 157
8.2 实验报告撰写示例 ……………………………………………………………………… 159

附录 / 166

附录 1 实验室的防火与用电知识简介 ……………………………………………………… 166
附录 2 化工原理实验常见故障的原因与排除方法 ………………………………………… 167

参考文献 / 169

0 绪　　论

0.1　化工原理实验课特点

化工原理是研究化工生产过程中各种单元操作的工程学科。化工原理实验不同于基础性实验课，它属于工程性实验范畴。工程性实验一方面是为了生产实际的需要；另一方面也是为了研究化工过程中量与量之间的内在联系，找出能为实际所接受的一般规律，并为进一步开发工程性实验服务。因此，认真对待化工原理实验，对于化工单元操作设备的设计，对学习和掌握有关测量方法、手段以及学会运用基础知识整理实验结论，都具有非常重要的指导意义。

0.2　化工原理实验目的

化工原理实验课是化工原理教学中的重要组成部分，是以化工原理课程为基础的一门实验课程。它与一般化学实验课的不同之处在于其强调实践性，注重工程观念。因此，通过实验应达到以下目标。

(1) 培养学生从事实验研究的能力

工科高等院校的毕业生必须具备一定的实验研究能力。实验能力主要包括：为了完成一定的研究课题设计实验方案的能力；对化工装置及测量仪表的选择、使用、操作、故障处理、过程控制及准确获得数据的能力；对化工单元操作中各种问题的发现、分析、解决，运用计算机及软件处理实验数据的能力；对基础化工实验结果的归纳总结能力。通过对学生能力方面的培养和锻炼，为他们将来从事实验研究及解决工程上的实际问题打下初步的基础。

(2) 培养学生实事求是、严肃认真的学习态度

实验研究是实践性很强的工作，对实验者的要求很高。化工原理实验课要求学生具有一丝不苟的工作作风和严肃认真的学习态度，从实验操作、现象观察到数据处理等各个环节都不能有丝毫马虎。如果粗心大意、敷衍了事，轻则实验数据不真实，得不出什么有价值的结论，重则会造成设备或人身事故。

总之,实验教学对于学生能力的培养是不容忽视的,对学生动手和解决实践问题能力的锻炼是理论教学无法代替的。化工原理实验教学对于学生来说仅仅是工程实践教学的开始,在高年级的专业实验和毕业论文阶段还要继续进行。

0.3 化工原理实验的教学要求

化工原理实验是学生第一次接触用工程装置进行的实验,学生往往会感到陌生,无从下手。实验操作分组进行,容易使个别学生产生依赖心理,为了保证教学效果,要求每个学生必须做到以下几点。

(1) 实验前的预习

学生在实验前必须认真地预习实验指导书,并根据需要查阅有关参考书,清楚地了解实验目的、要求、原理、步骤及方法,对实验所涉及的测量仪表也要预习其使用方法。实验预习报告内容应包括:实验目的或任务、基本原理及实验设计方案、实验装置流程、实验操作要点、注意事项,设计并绘制原始数据的记录表格(注意统一法定单位)。

实验前要充分准备(见图 0-1),了解现场及安全知识,摸清实验装置及流程测试部位、操作控制点,了解使用的检测仪器、仪表,熟悉使用方法及所测数据的变化趋势,做到心中有数,并预先做出原始记录表格,对实验预期结果、可能发生的故障和排除故障的方法做出合理的判断。

学生的预习情况需经指导教师提问检查,合格后方可进行实验。

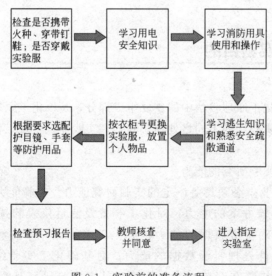

图 0-1 实验前的准备流程

(2) 实验中的操作训练要求

实验操作是动手、动脑的重要过程,学生一定要严格按照操作规程进行。实验前,首先要组织好实验小组并确定负责人,在讨论、拟定实验方案后做好分工,在允许的情况下,适当调换分工可以使学生得到多方面的锻炼。

涉及电器及运转机械设备时,必须领会操作要领,要想到如果不按规则进行可能出现的事故，以防事故的发生。例如，容积性输送机械不打开旁路阀将会造成电机负载过大，转子流量计不关阀门会造成转子冲击损坏玻璃管等。

(3) 实验操作中问题的处理

在实验操作过程中，只要注意观察，会随时发现各种问题，此时应该积极思考，结合学过的知识，进行分析判断，找出正确的答案和解决问题的办法。

例如，在使用倒 U 形管式压差计时，改变流量，压差计的两液面会出现同时上升和下降现象，是什么原因？这种现象对实验结果是否会有影响？通过分析可知，这是因为流量改变时，管路内压强发生变化作用到压差计上，使压差计上面的气体压缩或膨胀而造成的液面变化。如果测压导管中无气泡存在，这种变化并不影响压差的测定，但是液面升降会影响压差计的测量范围。导致管内压强变化的原因，除正常直管摩擦阻力因素外，还可能是出口处阀门没有全开或通过小转子流量计时局部阻力过大等。这样就可以找到解决问题的办法。

在实验过程中出现各种故障和不正常现象，在某种意义上讲是难免的，在保证安全的前提下要提高对问题的处理能力。问题的出现有主观原因和客观原因。主观原因是事先准备工作、预习、实验方案方面的欠缺。客观原因则是实验条件不能绝对保证，如中途发生停水、停电或实验装置本身某零部件损坏、运转不灵等，这就要求实验人员发现问题要及时，处理也要及时。一般来讲，发现故障或出现不正常现象而与实验预想明显不符时，要及时报告指导教师，同时自己也应认真思考，分析原因并提出自己的看法。对问题处理的过程也是能力锻炼的过程。

(4) 实验后的总结

实验总结是以实验报告的形式完成的。实验报告是一项技术文件，是学生用文字表达技术资料的一种训练。不少学生对实验报告没有给予足够的重视，或者不会用准确的科学数字和观点来书写报告，图形表达也缺乏训练，因此，对学生来说，需要严格训练编写实验报告的能力，要能将实验中测得的数据、观察到的现象、计算结果和分析结论等用科学的术语表达出来。这对今后写研究报告和科研论文是必不可少的。

0.4 化工原理实验室规则

① 穿好实验服；准时进入实验室，不迟到、不早退，不无故旷课，有事请假；保持实验室内的安静，不大声谈笑，不要穿拖鞋进入实验室；遵守实验室的一切规章制度，听从实验指导教师指挥。

② 实验前要认真预习，写好预习报告，经实验指导教师检查通过后，方可操作，与本实验无关的仪器设备，不准乱摸乱动。

③ 实验操作时，要严格遵守仪器、设备、电路的操作规程，不得擅自变更，操作前须经教师检查同意后方可接通电路、进行仪器操作。操作中要仔细观察，如实记录实验现象和数据。当仪器设备发生故障时，严禁擅自处理，应立即报告实验指导教师，并于下课前填写破损报告单，由实验指导教师审核上报处理。

④ 实验后根据原始记录处理数据、分析问题，并及时做好实验报告。

⑤ 爱护仪器、注意安全，水、电、气和药品要节约使用。

⑥ 保持实验室整洁，废品、废物丢入垃圾箱内。衣物、书包、书籍等物品要放到指定的位置上，严禁挂到设备上。

⑦ 实验完毕后，记录数据需经实验指导教师审查签字，做好室内卫生的清理工作，将使用的仪器设备恢复原状，关好门、窗，检查水、电、气源是否关好，确保关好后方可离开实验室。

第1章 实验误差分析和数据处理

误差分析的目的就是评价实验数据的精确性或误差。通过误差分析，可以认清误差的来源及影响，并设法排除数据中所包含的无效成分，在实验中注意哪些是影响实验精确度的主要方面，细心操作，从而提高实验的精确度。

通过实验测得的原始数据需要进行计算，将最终的实验结果归纳成经验公式或图表的形式表示，以便与理论结果比较分析。因此由实验获得的数据必须经过正确的处理和分析，只有正确的结论才能经得起检验。

下面介绍有关误差分析和数据处理等方面的基本知识。

1.1 有效数字和实验结果的表示

1.1.1 有效数字

实验数据或根据直接测量值计算所得的结果，总是以一定位数的数字来表示，那应该取几位数才是有效的数字呢？这要根据测量仪表的精度来确定，一般应记录到仪表最小刻度的1/10位。例如，某液面计标尺的最小分度为1mm，则读数可以到0.1mm。测定时，如液位高在刻度524mm与525mm之间，则可记液面高度为524.5mm，其中前3位是直接读出的，是准确的，最后1位是估计的，是欠准的或可疑的，称该数据有4位有效数字；如液位恰在524mm刻度上，则数据可记为524.0mm，若记为524mm，则失去了1位精度。

总之，有效数字中应有且有1位（末位）欠准数字。应该指出，欠准数字与误差没有直接关系。

1.1.2 科学计数法

在科学与工程中，为了清楚地表达有效数字或数据的精度，通常将有效数字写出并在第1位数后加小数点，而数值的数量级由10的整数幂来确定，这种以10的整数幂来记数的方法称为科学记数法。例如，0.0088（有效数字2位）应记为8.8×10^{-3}，88000（有效数字3位）记为8.80×10^4。

注意：科学记数法中，10的整数幂之前的数字应全部为有效数字。

1.1.3 有效数字的运算

有效数字计算，得到的结果仍然存在"有效"和"无效"的问题，要正确表示计算结果需要遵循以下法则。

① 加减法的运算。不同有效数字相加减，其和或差的有效数字位数应与其中有效数字位数最少的相同。例如，测得设备进出口的温度分别为 65.58℃ 与 30.4℃，则

温度和：　　　　　　　　65.58＋30.4＝96.0（℃）
温度差：　　　　　　　　65.58－30.4＝35.2（℃）

如果结果中有 2 位欠准值，则与有效规则不符，故第 2 位欠准数应舍去，按四舍五入法，其结果应为 96.0℃ 与 35.2℃。

② 乘除法计算。积或商的有效数字，其位数与各乘、除数中有效数字位数最少的相同。

③ 乘方、开方与指数运算。乘方、开方与指数运算后的有效位数小于或等于底数的有效位数。

④ 对数运算。对数的有效数字位数与其真数相同。

⑤ 在 4 个数以上的平均值计算中，平均值的有效数字可比各数据中的最小有效位数多 1 位。

⑥ 所有取自手册上的数据，其有效数字按计算需要选取，但原始数据如有限制，则应服从原始数据。

⑦ 一般在工程计算中取 3 位有效数字已足够精确，在科学研究中根据需要和仪器的精确度，可以取 4 位有效数字。

1.2 实验数据的真值与平均值

1.2.1 真值

真值是指某物理量客观存在的实际值。由于误差存在的普遍性，通常真值是无法测定的，是一个理想值。在分析实验测定误差时，通常以如下方法来选取真值。

① 可以通过理论证实的已知值。例如，平面三角形的内角之和等于 180°；计量学中经国际计量大会约定的值，如热力学温度单位的绝对零度等于－273.15℃。

② 可以相对地将准确度高一级的测量仪器所测得的值视为真值。

③ 可以近似将实验过程中，符合误差分布规律、测量次数无限多、无系统误差的值加以平均，看作真值。

1.2.2 平均值

在化工实验中，经常将多次实验值的平均值作为真值的近似值。平均值的种类很多，在处理试验结果时常用的平均值有以下几种。

(1) 算术平均值

算术平均值是最常用的一种平均值。设有 n 个实验值 $x_1, x_2, x_3, \cdots, x_n$，则它们的

算术平均值为

$$\bar{x} = \frac{x_1 + x_2 + \cdots + x_n}{n} = \frac{1}{n}\sum_{i=1}^{n} x_i \tag{1-1}$$

式中　x_i——第 i 个实验值；
　　　n——实验值的个数。

同样条件下，凡是测量值的分布服从正态分布时，用最小二乘法原理可证明：在一组等精度的测量中，算术平均值为最佳值或最可信赖值。

(2) 均方根平均值

均方根平均值常用于计算气体分子的动能，其定义为

$$\bar{x}_{均} = \sqrt{\frac{x_1^2 + x_2^2 + \cdots + x_n^2}{n}} = \sqrt{\frac{1}{n}\sum_{i=1}^{n} x_i^2} \tag{1-2}$$

(3) 对数平均值

在化学反应、热量与质量传递中，分布曲线多具有对数特性，此时可以采用对数平均值表示量的平均值。设有两个数值 x_1、x_2 都是正值，则它们的对数平均值为

$$\bar{x}_{对} = \frac{x_1 - x_2}{\ln x_1 - \ln x_2} = \frac{x_1 - x_2}{\ln \frac{x_1}{x_2}} = \frac{x_2 - x_1}{\ln \frac{x_2}{x_1}} \tag{1-3}$$

注意：两数的对数平均值总是小于或等于它们的算术平均值。若 $\frac{1}{2} \leqslant \frac{x_1}{x_2} \leqslant 2$，则可用算术平均值代替对数平均值，引起的误差不超过 4.4%。

(4) 几何平均值

设有 n 个正实验值 x_1，x_2，x_3，$\cdots$，x_n，则它们的几何平均值为

$$\bar{x}_{几} = \sqrt[n]{x_1 x_2 \cdots x_n} = (x_1 x_2 \cdots x_n)^{\frac{1}{n}} \tag{1-4}$$

对上式的两边同时取对数得

$$\lg \bar{x}_{几} = \frac{1}{n}\sum_{i=1}^{n} \lg x_i \tag{1-5}$$

可见，当一组实验值取对数后所得到数据的分布曲线呈对称时，宜采用几何平均值。一组实验数值的几何平均值常小于算术平均值。

1.3　实验数据的误差来源及分类

误差是实验测量值（包括间接测量值）与真值（客观存在的准确值）之差。误差的大小表示每一次测得值相对于真值的不符合程度。误差有以下含义：① 误差永远不等于零；② 误差具有随机性；③ 误差是未知的。

按性质和产生原因不同，误差可分为系统误差、随机误差和过失误差 3 类。

(1) 系统误差

由于测量仪器不良，如刻度不准、零点未校准；或测量环境不标准，如温度、压力、风速等偏离校准值；实验人员的习惯和偏向等因素所引起的误差统称为系统误差。这类误差在一系列测量中，大小和符号不变或有固定的规律，经过准确校正可以消除。

(2) 随机误差

随机误差是由一些不易控制的因素引起的,如测量值的波动、肉眼观察欠准确等。这类误差在一系列测量中的数值和符号是不确定的,而且是无法消除的,但它服从统计规律,也是可以认识的。

(3) 过失误差

过失误差主要是由实验人员粗心大意,如读数误差、记录误差或操作失误所致。这类误差往往与正常值相差很大,应在整理数据时加以剔除。

1.4 误差分析与表示

化工原理误差分析主要是指利用误差及误差传递理论对实验结果进行误差标定(指随机误差),找出全值可能存在的误差范围和影响因素。

由于测量工具的局限性、影响因素的随机性等,真值是测不出来的,因此应用中的误差概念是指对测量结果可靠程度的估算和表示。这种估计常采用绝对误差 Δx 或相对误差 ε 来表示。于是测量结果可以表示成

$$被测量值 = x \pm \Delta x, \quad \varepsilon = \frac{\Delta x}{x}$$

式中 x——测量的有效数据,一般采用多次测量的平均值。

相对误差可以理解为真值在 x 附近正负 Δx 范围内有多大的可能性或测量值在此范围内出现的概率,这种可能性用概率表示时要看采用什么方法表示 Δx 值。

例如,可用多次测量的算术平均值表示 x 值,用算术平均值的标准误差 $\sigma_x = \dfrac{\sigma}{\sqrt{n}}$ 表示 Δx。其中,$\sigma = \sqrt{\dfrac{1}{n-1}\sum_{i=1}^{n}(x_i - x)^2}$ 称为标准误差,n 为测量次数。因此,实验中的误差分析可认为是合理找出 x、Δx(或 ε)的过程。

1.4.1 直接测量与间接测量

实验中的测量可分为直接测量和间接测量。直接测量是指被测物理量的数值,用测量工具(或仪表)直接记录下来的数据;而间接测量则是用直接测量数据通过已知的数学关系式计算得到的结果。直接测量结果所产生的误差会影响到间接测量结果的误差,因此,正确分析和得到直接测量误差是很重要的。

1.4.2 直接测量结果的误差分析

如果一个实验设计合理,装配正确,测量工具校准可靠,实验人员认真、熟练,那么应该可以消除系统误差和过失误差。因此,对直接测量结果的误差分析,一般是指对不可避免的随机误差进行分析。

由于随机误差是客观存在的,对同一量进行多次测量,会产生不同的测量结果,故为了提高被测量值的准确度,可采用多次测量的办法,即把多次测量的平均值(如算术平均值)作为测量值,用随机误差有关理论进行误差表示(如用均方根误差表示一组随机的误差)及

对测量值的结果进行评价。

但是，并不是任何结果通过多次测量就可以提高准确度，这与测量对象、测量方法和测量工具的精密程度有关。在化工原理实验中，对每个被测量一般只测量一次，那么原始数据的误差分析即是直接测量结果的误差分析。

直接测量结果（原始数据）的绝对误差可采用估计法。在假设没有系统误差和过失误差的情况下，可将测量工具的误差作为一次性直接测量结果的误差。这种估计方法的道理在于，多次测量是为了使随机误差尽可能接近仪表的准确度（精度），若多次测量结果都是一个数值，那么就可以认为测量结果的准确度与仪器的准确度（精度）相同。

多次测量结果一致，可有两种解释：一是被测量的误差极小，无法反映出来；二是测量工具精度低，掩盖了随机误差的反映。化工原理实验用到的仪表精度较低，可认为多次测量结果是同一值，故可用仪表的误差代替测量误差。仪表的误差 $\Delta x_{仪}$ ＝精度×量程，仪表的相对误差 ε，称为精度。没有精度作参考时可取 $\Delta x_{仪}$ 等于最小刻度的一半，如压差计可取 0.5mm 作为测量误差 Δx。

当被测量有较大波动，并大于仪表的误差时，用仪表误差代表测量误差就不合适了，此时可以根据波动变化情况适当选取，一般可取波动值的一半。若还有一些难以确定的情况，如手动记录时间误差等，则要通过分析适当确定。此时估计的误差 Δx 基本上考虑到最大可能性（概率为 100％），可称为最大绝对误差，它应属于算术平均误差一类。

需要进一步明确的是：化工原理实验结果的误差分析主要是指对直接测量和间接测量的随机误差分析。直接测量误差即是合理估计出 Δx 值，而间接测量误差是指在直接测量误差的基础上进行误差传递计算而得出的误差值，因此这类误差分析是定量计算的结果。

除随机误差分析外，化工原理实验误差分析也需要对系统误差和过失误差进行定性分析，即判别它们的存在和产生原因。实际上，这两类误差有时会成为影响实验结果可靠性的主要原因，因此必须加以定性分析判断。

要正确分析出系统误差是很不容易的，这里不加以详细介绍，只指出两点：① 可用公认为校准的仪表去对照，大致找出系统误差；② 根据经验分析找出系统误差，如饱和水蒸气在常压下为 100℃左右，若温度仪表指示只有 90℃，说明该测量结果肯定有系统误差。过失误差常是因为读错、看错、算错、方法错误等造成的，较易及时发现和纠正。

1.4.3 误差传递

对于间接测量结果的误差，应按一定规则得到。设间接测量结果为 $N\pm\Delta N$，则

$$N+\Delta N=f(x_1+\Delta x_1,\ x_2+\Delta x_2,\ x_3+\Delta x_3,\ \cdots,\ x_n+\Delta x_n)$$

式中　Δx_i——直接测量量 x_i 的误差；

　　　ΔN——由 Δx_i 引起的误差。

将上式右端按泰勒级数展开得

$$f(x_1+\Delta x_1,\ x_2+\Delta x_2,\ \cdots,\ x_n+\Delta x_n)=$$
$$f(x_1,\ x_2,\ \cdots,\ x_n)+\frac{\partial f}{\partial x_1}\Delta x_1+\frac{\partial f}{\partial x_2}\Delta x_2+\cdots+\frac{\partial f}{\partial x_n}\Delta x_n+\frac{1}{2}\sum\Delta x_i\Delta x_j\frac{\partial^2 f}{\partial x_i\partial x_j}+\cdots$$

略去高次项得

$$N + \Delta N \approx f(x_1, x_2, \cdots, x_n) + \frac{\partial f}{\partial x_1}\Delta x_1 + \frac{\partial f}{\partial x_2}\Delta x_2 + \cdots + \frac{\partial f}{\partial x_n}\Delta x_n$$

于是

$$\Delta N = \frac{\partial f}{\partial x_1}\Delta x_1 + \frac{\partial f}{\partial x_2}\Delta x_2 + \cdots + \frac{\partial f}{\partial x_n}\Delta x_n = \sum_{i=1}^{n}\frac{\partial f}{\partial x_i}\Delta x_i$$

设 E 为间接测量的相对误差，则有

$$E = \frac{\Delta N}{N} = \sum_{i=1}^{n}\frac{\partial f}{\partial x_i} \times \frac{\Delta x_i}{N}$$

Δx_i 可正、可负。估计误差时，常从误差的上限值估算，故

$$\Delta N_{\max} = \sum_{i=1}^{n}\left|\frac{\partial f}{\partial x_i}\Delta x_i\right|$$

$$E_{\max} = \sum_{i=1}^{n}\left|\frac{\partial f}{\partial x_i} \times \frac{\Delta x_i}{N}\right|$$

由上述公式可得到如下常用误差传递公式：

对于加减法，有

$$N = A + B, \quad \Delta N = \Delta A + \Delta B, \quad E = \frac{\Delta A + \Delta B}{A + B}$$

$$N = A - B, \quad \Delta N = \Delta A + \Delta B, \quad E = \frac{\Delta A + \Delta B}{A - B}$$

$$N = A \pm B \pm C \pm \cdots, \quad \Delta N = \Delta A + \Delta B + \Delta C + \cdots$$

对于乘除法，有

$$N = AB, \quad \frac{\Delta N}{N} = \frac{\Delta A}{A} + \frac{\Delta B}{B}$$

$$N = \frac{A}{B}, \quad \frac{\Delta N}{N} = \frac{\Delta A}{A} + \frac{\Delta B}{B}$$

$$N = A^P, \quad \frac{\Delta N}{N} = P\frac{\Delta A}{A}$$

$$N = ABC\cdots, \quad \frac{\Delta N}{N} = \frac{\Delta A}{A} + \frac{\Delta B}{B} + \frac{\Delta C}{C} + \cdots = \varepsilon_A + \varepsilon_B + \varepsilon_C + \cdots$$

对于三角函数，有

$$N = \sin A, \quad \Delta N = \cos A \Delta A$$

应该指出，此误差传递公式是指 Δx 用算术平均误差表示时的误差传递公式（也包括前述误差）。如果 Δx 是均方根误差（标准误差），则其传递公式应用另一种方法分析（略）。

此外，此方法的误差传递结果考虑到了最大误差可能性（最坏的情况），结果 ΔN 值往往很大，尤其是 Δx 用粗略估计法确定时，ΔN 值可能更大。但此时不应简单地认为测量结果非常差，而应对具体问题进行分析。

实际上，在误差传递中，有正负抵消的可能，采用 $E = \sqrt{\sum_{i=1}^{n}E_i^2}$ 来代表 $\frac{\Delta N}{N}$ 更接近实际。

1.5 实验数据的精密度、正确度和准确度

误差的大小可以反映实验结果的好坏,误差可能是由于随机误差或系统误差单独造成的,还可能是两者的叠加。为了说明这一问题,引出了精密度、正确度和准确度这3个表示误差的术语。

(1) 精密度

精密度可以衡量某物理量几次测量值之间的一致性,即重复性。它可以反映随机误差的影响程度,精密度高表示随机误差小。

(2) 正确度

正确度是指在规定的条件下,测量中所有系统误差的综合。正确度高,表示系统误差小。

(3) 准确度

准确度又称精确度,表示测量中所有系统误差和随机误差的综合。

对于实验或测量来说,精密度高的准确度不一定高,正确度高的精密度也不一定高;但准确度高的,必然精密度和正确度都高。精密度、正确度和准确度的关系如图1-1所示。图1-1 (a) 所示为系统误差大,而随机误差小,即正确度低而精密度高。图1-1 (b) 所示为系统误差小,而随机误差大,即正确度高而精密度低。图1-1 (c) 所示为系统误差与随机误差都小,即准确度高。

图1-1 精密度、正确度和准确度的关系

1.6 数据处理方法

由实验测得的大量数据,必须进行进一步的处理,才能使人们清楚地观察到各变量之间的定量关系,以便进一步分析实验现象,得出规律,指导生产与设计。

数据处理方法有以下3种。

(1) 列表法

将实验数据列成表格以表示各变量之间的关系。这通常是整理数据的第一步,为标绘曲线图或整理成方程式打下基础。

(2) 图示法

将实验数据在坐标纸上绘成曲线,直观而清晰地表达出各变量之间的相互关系,分析极值点、转折点、变化率及其他特性,便于比较,还可以根据曲线得出相应的方程式;某些精

确的图形还可用于在未知数学表达式的情况下进行图解积分和微分。

(3) 回归分析法

利用最小二乘法对实验数据进行统计处理得出最大限度符合实验数据的拟合方程式，并判定拟合方程式的有效性，这种拟合方程式有利于用电子计算机进行计算。

1.6.1 实验数据列表法

实验数据表格可分为原始记录表、中间运算表和最终结果表。

原始记录表必须在实验前设计好，可以清楚地记录所有待测数据，如表1-1所示为流体流动阻力实验原始记录表。

表1-1 流体流动阻力实验原始记录表

序号	流量计读数 /(L/h)	光滑管压差计读数/mm			粗糙管压差计读数/mm		
		左	右	差	左	右	差
1							
2							

中间运算表格有助于计算，不易混淆，如表1-2所示为流体流动阻力的中间运算表格。

表1-2 流体流动阻力实验中间运算表

序号	流量/(m³/s)	流速/(m/s)	Re	直管阻力/mmH₂O	摩擦系数λ
1					
2					

最终结果表只表达主要变量之间的关系和实验的结论，如表1-3所示。

表1-3 流体流动阻力实验结果表

序号	光滑管		粗糙管	
	Re	λ	Re	λ
1				
2				
3				

也可以将上述分列的原始记录表、中间运算表和最终结果表的内容合编在一起。

拟制实验表格时，应注意下列事项：

① 表格的表头要列出变量名称、单位；

② 数字要注意有效数字的位数，要与实验准确度相匹配；

③ 数字较大或较小时要用科学计数法表示，其中，10的整数幂部分可记在表头上，数字部分应将小数点对齐，对相同部分不要用简略符号"…"表示；

④ 科学实验中，记录表格要正规，原始数据要书写清楚整齐，不得潦草，要记录各种实验条件下的所有数据，特别是能恰当说明问题、并与表有关的必要数据，应在表的上部注明。在实验中，不允许用没有表格的白纸记录数据。

1.6.2 实验数据的图示（解）法

实验图线的标绘是对表格中数据的进一步整理，用图线表示测定中的两个或几个量之间的变化规律，显得简明直观。

1.6.2.1 坐标系的选用

在化工原理实验数据处理中，常用坐标系有直角坐标系、单对数坐标系和双对数坐标系等。在选用过程中，要根据变量间的函数关系来选定一种合适的坐标系，见表1-4。

表1-4 常压变量间函数关系

变量关系	函数关系	数学表达式	选用坐标系
单变量关系	直线函数型	$y=a+bx$	直角坐标
	指数函数型	$y=ab^x$	单对数坐标
	幂函数型	$y=ax^b$	双对数坐标
	多项式	$y=a_0+a_1x+\cdots+a_mx^m$ 或 $y=\sum_{k=0}^{m}a_kx^k$	结合实际情况选用
多变量关系	多元幂函数	$y=cx^py^mz^n\cdots$	结合实际情况选用

其中，对指数函数 $y=ab^x$，因为 $\lg y$ 与 x 呈直线关系，故选用单对数坐标系；对幂函数 $y=ax^b$，因 $\lg y=\lg a+b\lg x$，故选用双对数坐标系可以使图形线性化；当变量多于两个时，如 $y=f(x,z)$，在作图时，先固定一个变量，可以先固定 z 值求出（y-x）关系，这样就可得每个 z 值下的一组图线。例如，在做填料吸收塔的流体力学特性测定实验时，就是采用此方法，即相应于各喷淋量 L，在双对数坐标纸上标出空塔气速 u 与单位填料层压降 $\Delta p/z$ 的关系图线。

1.6.2.2 双对数坐标的绘制

在化工原理实验常用的坐标中，双对数坐标是最常见的，也是应用最广泛的一种。这是因为双对数坐标能使不易表示的图线简化，看起来直观方便。双对数坐标可认为是由普通坐标变换而来的，其变换准则是对数换算，即把普通坐标看成对数，用其对应的真数变换，变为双对数坐标。

如图1-2所示，设普通坐标变量为 X、Y。因 $Y=\lg y$，$X=\lg x$，故

$X=0$，$x=1$，$Y=0$，$y=1$
$X=1$，$x=10$，$Y=1$，$y=10$
$X=2$，$x=100$，$Y=2$，$y=100$
$X=3$，$x=1000$，$Y=3$，$y=1000$

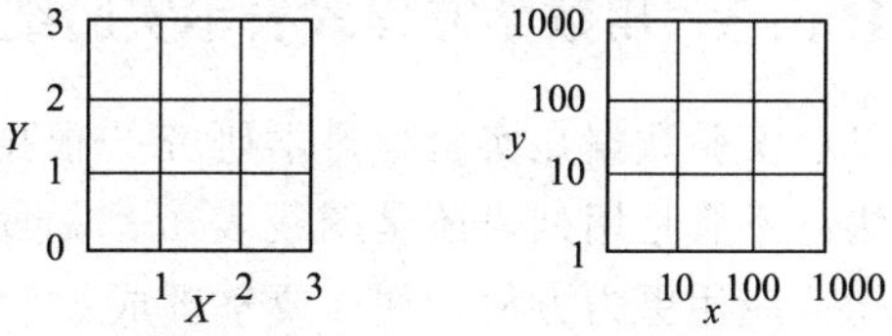

图1-2 坐标变换
(a)普通坐标　(b)双对数坐标

将原坐标中 X 换成 x，Y 换成 y，于是有如图1-2所示的转换过程。

分析双对数坐标性质可知，若坐标轴上间隔（长度）相同，则数值间隔并不等；若数值间隔相等，则间隔长度不等，其间隔越来越小。一般需要绘出数值间隔（在一般范围内）相等、长度间隔不等的坐标，更有利于使用。

在绘图时,要考虑坐标的范围和间隔大小等问题,这要根据实验数据的情况确定。

1.6.2.3 曲线的绘制

在选好或绘制好的坐标上,可采用一般绘制法做出一条能大体反映两个量之间关系的曲线,其绘制规则如下。

① 通常把误差可以忽略不计的量当作自变量(横坐标量),将两量在坐标上的对应点(数据点)用•、△、×、○、◇号等符号标记清楚,其几何中心与实验值重合,标记符号的大小可由坐标的大小确定,一般为1～2mm。

需要说明的是,数据点必须清楚,不允许用细笔尖一点即代表数据点。这是因为数据点表明的是实验的结果,绘制曲线只是大体上表明量之间的变化趋势,而不是理论上的结论,相比而言数据点要比曲线更为重要。如果数据点不清楚,甚至被所绘的曲线覆盖而消失,那就失去了实验结果。再有,当两条或两条以上的曲线绘制在同一坐标上时,实验数据点应该用不同符号加以区别。

② 坐标的分度及其比例的选择对正确反映和分析实验结果有着重要的影响。坐标的分度(一个最小格的数值范围)应与实验数据的有效数字大体相符,即能使实验曲线在坐标上的读数和实验数据具有同样的有效数字位数。同时,纵横坐标之间的比例不一定选取得完全一样,应根据具体情况而定。

③ 绘制的曲线应尽可能通过较多的数据点,未通过曲线的数据点,在曲线两侧的距离应大体相等,垂直距离也应大体相等。

④ 曲线要光滑、均匀、整齐、清晰,防止出现波动或折线,可用细铅笔、曲线尺等绘制。

⑤ 如果某些数据明显偏离大多数数据点,不应该勉强照顾,对这种不正常数据点,应进行原因分析,合理取舍。

⑥ 对于数据点的一般趋势,应当事先分析好。例如,在小范围内 Re-λ 的关系按幂函数处理,则在双对数坐标上可按直线绘制。

除了一般绘制法外,还有较为精确绘制图线的方法,如分组平均法,即将数据点绘好后,取相邻的2个或3个点为一组,将这组数据点连成几何图形(成为一线段或三角形),找出几何图形的重心,作为新的数据点,再按一般绘制法绘制图线。这种方法适用于数据点很多的情况,可得到较为一致的结果。

1.6.3 用数学方程式表示实验结果

实验数据是实验与科学研究的根据和直接产物,是一种记录自然现象和变化规律的方法。不管是用列表还是图线表示都是属于经验的东西,为使经验的东西更好地反映客观规律、应用更为方便,往往要整理成数学方程式来表示,这种方法称为数学方程式法(或称为经验公式法及数学模型法),是高一层次并更有意义的数据处理方法。

1.6.3.1 数学模型的确定

要想将实验结果用数学方程式表示出来,首先要确立数学方程式的类型。确定类型的方法有多种,对于经验丰富者,一般可以根据实验数据的特征来确立;对于缺少经验者,可将实验数据绘制成曲线,与已知函数曲线的形状进行对比,找出相似的曲线公式,作为经验式的类型。但是直接图线用起来并不方便,因为有些数据作图本身就存在困难。我们可利用常用经验式的性质简化得到一种新方法——图解实验法，可更容易地确定方程式的形式。常用经验式的数学表达式见表 1-4。

对幂函数、指数函数可通过某种方法（参数方程）变为直线方程形式，称为可直线化的方程式。

直线化函数 $Y=bX+A$ 在 $X\text{-}Y$ 普通坐标上是一直线，因此只要将几对数据（一般取 4 对距离较远的数据）取对数再在普通坐标上标点，看这些点是否成直线趋势，如果是，则可用幂函数来表示经验式。

如果不取对数，也可以直接在双对数坐标上绘制，看是否呈直线趋势，其原理可以由双对数坐标原理得出。

实际上许多非直线方程，都可以通过参数方程，经坐标变换成为直线方程，而通过参数关系绘成特殊坐标后，在该坐标上标绘出的原方程即直线。例如，方程 $y=\dfrac{ax}{b+cx}$ 可变换成 $\dfrac{by}{x}+cy=a$。设 $\dfrac{y}{x}=X$，则 $\dfrac{by}{x}+cy=a$ 可转化为 $y=-\dfrac{b}{c}X+\dfrac{a}{c}$。若坐标纵轴是 y，横轴是 X，则原方程在坐标上呈直线。

同理，在单对数坐标绘成直线趋势的数据点可用指数函数表示经验式。

若经过图解实验法确定不是幂函数，也不是指数函数，而是数学关系尚不清楚的曲线，则一般情况下可以用 3 阶以下多项式来表示其经验式。

1.6.3.2 经验式中待定系数的确定

经验式确定后，进一步就是确定待定系数，如确定经验公式 $y=cx^p$ 中的 c 和 p。

下面主要讨论直线方程或能够直线化方程的待定系数。

(1) 直线图解法

根据一组实验数据，可以绘制出平滑的实验曲线，实验曲线又可通过相应的特殊坐标变换成直线。应用直线图解法可以很方便地求出直线的待定系数，进而找到原来函数的待定系数。

【例 1-1】 求函数 $y=cx^p$ 中的 c 和 p。

解：$y=cx^p$ 在普通坐标上是曲线，在双对数坐标上可标绘成直线，其斜率为 p，截距为 $b=\lg c$。

设实验数据点在双对数坐标上已做出一条直线，如图 1-3 所示，在直线上取 1、2 两点（应在较远距离处取两点），则

$$p=\dfrac{Y_1-Y_2}{X_1-X_2}=\dfrac{\lg y_2-\lg y_1}{\lg x_2-\lg x_1}$$

式中　Y_2，Y_1，X_2，X_1——对数坐标对应点；
　　　y_2，y_1，x_2，x_1——坐标变换前的对应点。

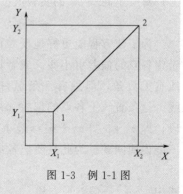

图 1-3　例 1-1 图

(2) 分组平均法

【例 1-2】 已知实验数据如表 1-5 所示。

表 1-5　实验数据表一

x_i	x_1	x_2	x_3	x_4	x_5	x_6	x_7	x_8
y_i	y_1	y_2	y_3	y_4	y_5	y_6	y_7	y_8

在坐标上标绘成直线，其方程为 $y = ax + b$，求 a、b。

解：由上述 8 组数据可得 8 个方程，方程中 y、x 为已知数，a、b 为未知数，将其分为两组可得

$$y_1 = ax_1 + b,\ y_5 = ax_5 + b$$
$$y_2 = ax_2 + b,\ y_6 = ax_6 + b$$
$$y_3 = ax_3 + b,\ y_7 = ax_7 + b$$
$$y_4 = ax_4 + b,\ y_8 = ax_8 + b$$

以上两组数据分别相加可得

$$\sum_{i=1}^{4} y_i = a\sum_{i=1}^{4} x_i + 4b,\quad \sum_{i=5}^{8} y_i = a\sum_{i=5}^{8} x_i + 4b$$

两组相加可得两个二元一次方程组，解此方程组可得 a、b 的值。

如果实验结果在坐标上标绘为二次方程 $y = ax^2 + bx + c$（多项式），同样可用分组平均法确定 a、b、c 的数值，只不过要分为 3 组，相加后可得 3 个三元二次方程组，解方程组可得 a、b、c 值。

(3) 最小二乘法

设已知实验结果数据列如表 1-6 所示。

表 1-6 实验数据表二

x_i	x_1	x_2	x_3	x_4	x_5	x_6	x_7	…
y_i	y_1	y_2	y_3	y_4	y_5	y_6	y_7	…

将其标在直角坐标上呈直线趋势。

设其经验式为 $y_i^* = ax_i + b$（对应点）如图 1-4 所示。

从图 1-4 中可以看出，实验数据点并不一定都在直线上，对应于同一 x_i 的实验值 y_i 和 y_i^* 有偏差

$$\sigma_i = y_i - y_i^* \tag{1-6}$$

为了使方程能更好地反映两个量的对应关系，我们总希望各点的偏差更小些。或者说代表数据点一般趋势的直线有无数条，但总有一条最好的最能代表一般趋势的直线。这条直线上各点的偏差 σ 应更小些。如果把 σ 看成线段，即 $\sigma_1 + \sigma_2 + \sigma_3 + \cdots =$ 最小值，但从计算角度 σ 有正有负，从上面方法看互相抵消了，不能说明问题。为此只要把各项平方后再相加求其最小值即可，即设

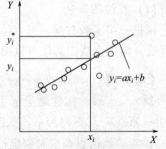

图 1-4 呈直线趋势的实验数据点

$$w = \sigma_1^1 + \sigma_2^2 + \sigma_3^3 + \cdots$$

式中 w——偏差平方和。

在同一组数据中，如所得到的直线不同，w 也不同，其中 w 最小的直线最能代表数据关系。用求取 w 的最小值来确定 a、b 值以便确立方程式的方法，称为最小二乘法。

确定过程如下：

$$\sigma_i = y_i - y_i^*,\ y_i^* = ax_i + b$$
$$\sigma_i^2 = [y_i - (ax_i + b)]^2 + b \tag{1-7}$$

$$w = \sum_{i=1}^{n}[y_i - (ax_i + b)]^2 \tag{1-8}$$

因为 y_i、x_i 已知，a、b 未知，所以 $w = f(a, b)$。若 w 为最小值，则必须满足

$$\frac{\partial w}{\partial a} = 0, \quad \frac{\partial w}{\partial b} = 0$$

分别求偏导

$$\frac{\partial w}{\partial a} = 2\sum_{i=1}^{n}\{[y_i - (ax_i + b)](-x_i)\} = 0$$

$$\frac{\partial w}{\partial b} = 2\sum_{i=1}^{n}\{[y_i - (ax_i + b)](-1)\} = 0$$

解上述方程组

$$a\left(\sum_{i=1}^{n}x_i^2\right) + b\sum_{i=1}^{n}x_i = \sum_{i=1}^{n}x_i y_i$$

$$a\left(\sum_{i=1}^{n}x_i\right) + bn = \sum_{i=1}^{n}y_i$$

解得

$$a = \frac{n\sum_{i=1}^{n}(x_i y_i) - \sum_{i=1}^{n}y_i \sum_{i=1}^{n}x_i}{n\sum_{i=1}^{n}x_i^2 - \left(\sum_{i=1}^{n}x_i\right)^2} \tag{1-9}$$

$$b = \frac{\sum_{i=1}^{n}(x_i y_i) - a\sum_{i=1}^{n}x_i^2}{\sum_{i=1}^{n}x_i} \tag{1-10}$$

注意：前面提到的幂函数、指数函数及其他能够直线化的函数，在用分组平均法或最小二乘法求待定系数时，应先直线化。

【例 1-3】 流体阻力实验中得到的数据如表 1-7 所示。

表 1-7　流体阻力实验数据

Re	3.10×10^3	6.03×10^3	1.21×10^4	2.08×10^4	3.95×10^4	9.76×10^4
λ	0.0481	0.0400	0.0330	0.0301	0.0262	0.0211

可用函数 $\lambda = CRe^P$ 表达式确定 C、P 的值。

解：将函数取对数变为直线方程，即 $\lg\lambda = P\lg Re + \lg C$。

计算结果列于表 1-8 中。

表 1-8　流体阻力实验计算结果

$X_i = \lg Re$	3.49	3.78	4.08	4.32	4.60	4.99
$Y_i = \lg\lambda$	−1.32	−1.40	−1.48	−1.52	−1.58	−1.66

解法一： 分组平均法。

$$\sum_{i=1}^{3} Y_i = a \sum_{i=1}^{3} X_i + 3b, \quad \sum_{i=4}^{6} Y_i = a \sum_{i=4}^{6} X_i + 3b$$

$$-4.20 = 11.35a + 3b, \quad -4.76 = 13.91a + 3b$$

$$P = a = -0.219, \quad C = 10^b = 0.269$$

于是经验式可写成 $\lambda = 0.269 Re^{-0.219}$。

解法二： 最小二乘法。

由公式求得

$$\sum_{i=1}^{n}(X_i Y_i) = -38.06, \quad \sum_{i=1}^{n} Y_i = -8.96$$

$$\sum_{i=1}^{n} X_i = 25.26, \quad \sum_{i=1}^{n} X_i^2 = 107.8$$

$$\left(\sum_{i=1}^{n} X_i\right)^2 = 638.1$$

以上计算中的数据多保留一位有效数字。将以上数据代入公式得

$$a = \frac{n\sum_{i=1}^{n}(X_i Y_i) - \sum_{i=1}^{n} Y_i \sum_{i=1}^{n} X_i}{n\sum_{i=1}^{n} X_i^2 - \left(\sum_{i=1}^{n} X_i\right)^2} = \frac{6 \times (-38.06) - (-8.96) \times 25.26}{6 \times 107.8 - 638.1} = -0.233$$

$$b = \frac{\sum_{i=1}^{n}(X_i Y_i) - a \sum_{i=1}^{n} X_i^2}{\sum_{i=1}^{n} X_i} = \frac{-38.06 - (-0.233 \times 107.8)}{25.26} = -0.512$$

于是

$$P = a = -0.233, \quad C = 10^b = 0.308$$

经验公式可写为

$$\lambda = 0.308 Re^{-0.233}$$

用已知的柏拉修斯公式

$$\lambda = 0.3164 Re^{-0.25}$$

对照看出，最小二乘法处理结果更接近实际。因此，在一般情况下（数据点分布符合随机分布）用最小二乘法处理效果要比其他方法优越。

(4) 用多项式表示经验式

经验表明，用多项式作为数学模型，只要增加它的项数通常可以达到与实验数据任意接近的程度，甚至基本重合。用曲线描述实验数据，数据点并不一定都在线上，如果硬要将实验数据连在线上，曲线往往出现波折，反而降低了公式的正确性。因此用多项式表示实验结果，有相当的项数就可以了。

前面讨论的直线方程 $Y = a_0 + a_1 x$ 表示数学模型也是多项式的一种（二项式），其待定系数方程组的形式可以表示成

$$s_0a_0+s_1a_1=v_0, \quad s_1a_0+s_2a_1=v_1$$

式中 s_0, s_1, s_2, v_0, v_1——一系列的叠加计算过程,而且有一定的计算规律。

如果用三项式 $Y=a_0+a_1x+a_2x^2$ 表示数学模型,求待定系数,也用最小二乘法处理得到的方程组是

$$\begin{cases} s_0a_0+s_1a_1+s_2a_2=v_0 \\ s_1a_0+s_2a_1+s_3a_2=v_1 \\ s_2a_0+s_3a_1+s_4a_2=v_2 \end{cases} \tag{1-11}$$

可解出待定系数 a_0、a_1、a_2 值。

同理,对于任意多项式可得

$$\begin{cases} s_0a_0+s_1a_1+\cdots+s_ma_m=v_0 \\ s_1a_0+s_2a_1+\cdots+s_{m+1}a_m=v_1 \\ \vdots \\ s_ma_0+s_{m+1}a_1+\cdots+s_{2m}a_m=v_m \end{cases} \tag{1-12}$$

以上方程称为最小二乘法的正规方程组。其中,m 为多项式次数。

$$s_0=n(\text{数据组数}), \quad v_0=\sum_{i=1}^n Y_i$$

$$s_1=\sum_{i=1}^n X_i, \quad v_1=\sum_{i=1}^n X_iY_i$$

$$s_2=\sum_{i=1}^n X_i^2, \quad v_2=\sum_{i=1}^n X_i^2Y_i$$

$$\vdots$$

$$s_m=\sum_{i=1}^n X_i^m, \quad v_m=\sum_{i=1}^n X_i^mY_i$$

因为上述公式都有清楚的规律性,故很容易在计算机上解决问题。

1.6.4 实验数据的插值法

列表法表示的实验数据虽然简单,但用起来不方便,因为它不能给出点以外的函数值,可以找到有关的简单表达式,并找出一个数据点以外的数值,这样既能符合数据之间的关系又能得到应用,这就是插值法。插值法很多,这里只讨论两种简单常用的方法。

(1) 线性插值法

线性插值法又称比例法,是指把已知两点数据之间的函数关系看成直线关系进行插值。

如图 1-5 所示,已知 $a(x_a, y_a)$ 和 $b(x_b, y_b)$ 两点,求 x_c 点对应的 y_c 是多少?用三角形相似关系很容易找到

$$y_c=\frac{x_c-x_a}{x_b-x_a}(y_b-y_a)+y_a$$

(2) 一元三点插值法

一元三点插值法是指把已知三点之间的函数关系看成二次方程,在此范围内进行插值。设已知三点为 (x_i, y_i)、(x_{i+1}, y_{i+1})、(x_{i+2}, y_{i+2}),如图 1-6 所示。

那么将该三点代入二次方程中可得到 3 个方程式

$$y_i=a_1+a_2x_i+a_3x_i^2$$

$$y_{i+1} = a_1 + a_2 x_{i+1} + a_3 x_{i+1}^2$$
$$y_{i+2} = a_1 + a_2 x_{i+2} + a_3 x_{i+2}^2$$

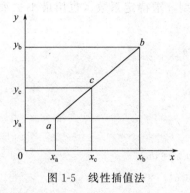

图 1-5　线性插值法

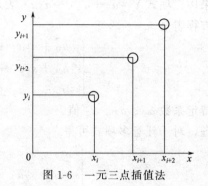

图 1-6　一元三点插值法

因为新方程中 x、y 为已知数据，系数 a_1、a_2、a_3 为未知数，3 个方程组成三元一次方程组，可解出 a_1、a_2、a_3，再代入原方程后就可找出二次方程的具体形式。

如果有点 x，并且 $x_i < x < x_{i+2}$，则求 y 时，即可把 x 代入得到二次方程算出 y 值，其结果表示如下

$$y = \frac{(x-x_{i+1})(x-x_{i+2})}{(x_i-x_{i+1})(x_i-x_{i+2})} y_i + \frac{(x-x_i)(x-x_{i+2})}{(x_{i+1}-x_i)(x_{i+1}-x_{i+2})} y_{i+1} + \frac{(x-x_i)(x-x_{i+1})}{(x_{i+2}-x_i)(x_{i+2}-x_{i+1})} y_{i+2}$$

1.6.5　化工数据的相关性

在化工实验中，有许多内容是通过实验找出两个量之间的相互关系（即相关量）的，如通过实验所测取的 λ 与 Re 之间的关系，当 Re 范围较小时，在双对数坐标上标点，可看到这些点均在一条直线附近，但并不绝对在一条直线上，之所以有些偏差，主要是由随机因素引起的，它们之间的数学关系可以用 $y = a + bx$ 表示。

很明显，数据点越分散，各点偏离直线越远，说明随机因素影响越大，相关性不好；反之，数据点基本排成直线，说明随机因素影响小，相关性好。对于好的和较好的相关性数据，给它找出数学方程式才有意义。因此应对测量结果是否有必要进行数学描述，给予相关性评价。

相关性好坏的最重要指标是相关系数 r，它是用来说明两个变量线性关系密切程度的一个数量性指标。

由上述意义可知，数据点距直线越近，线性相关性就越好，前面讲过的数据点距直线距离的平方和用 w 表示，此时 w 值也应越小。那么是否可以用 w 值来判别相关性好坏呢？如图 1-7 所示，即使 w 值相同，由于曲线的倾斜程度不同，二者相关性也相差很大，因此除考虑 w 值以外，还要找出由于曲线的倾斜程度不同对相关性的影响。

设 $\bar{y} = \dfrac{y_1 + y_2 + y_3 + \cdots + y_n}{n}$

$$\sum (y_i - \bar{y})^2 = \sum [(y_i - y_i^*) + (y_i^* - \bar{y})]^2 = \sum (y_i - y_i^*)^2 + \sum (y_i^* - \bar{y})^2 + 2\sum (y_i - y_i^*)(y_i^* - \bar{y})$$

可证明上式中 $2\sum (y_i - y_i^*)(y_i^* - \bar{y}) = 0$（证明过程略）。

于是

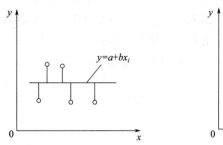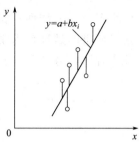

图 1-7 w 值相同时相关性的差别

$$\sum (y_i - \overline{y})^2 = \sum (y_i - y_i^*)^2 + \sum (y_i^* - \overline{y})^2$$

令

$$\lg y = \sum (y_i - \overline{y})^2 \text{(称为离差平方和)}$$
$$W = \sum (y_i - y_i^*)^2 \text{(称为偏差平方和)}$$
$$U = \sum (y_i^* - \overline{y})^2 \text{(称为回归平方和)}$$

即 $\lg y = W + U$。可以看出，若直线倾斜角大，则 U 值也大，因此，当 $\lg y$ 一定时，U 越大，W 越小，相关性越好；U 越小，W 越大，相关性越不好。

U 在 $\lg y$ 中占的比例为 $\dfrac{U}{\lg y} = \dfrac{U}{W+U}$，此值越大相关性越好。

用 $r^2 = \dfrac{U}{W+U}$ 表示，称 r 为相关系数，且 $0 \leqslant |r| \leqslant 1$

$$r = \dfrac{Lxy}{\sqrt{Lxx}\sqrt{Lyy}}$$

其中 $Lxy = \sum (x_i - \overline{x})(y_i - \overline{y})$, $Lxx = \sum (x_i - \overline{x})^2$, $Lyy = \sum (y_i - \overline{y})^2$

r 的值可正、可负，但 $|r|$ 越接近 1，相关性越好，如图 1-8 所示。

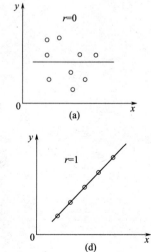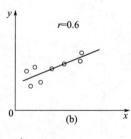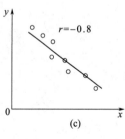
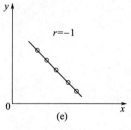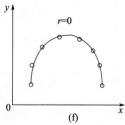

图 1-8 相关性示意图

其中，图 1-8（f）中虽然 $r=0$，但与图 1-8（a）的 $r=0$ 并不相同。

$|r|$ 值接近 0，说明 x、y 线性不相关，但图 1-8（f）的 x 与 y 存在明显关系，只不过是非线性关系（这里所讲的是只有线性关系的相关系数）。

对于作出的直线方程图，再结合 r 值可说明该方程的可信程度。

第 2 章 化工实验测量技术与常用仪表

流体温度、压力及流量是化工生产和科学实验中的重要信息,也是必须测量的基本参数。用来测量这些参数的仪表统称为化工测量仪表。化工测量仪表的种类很多,本章主要介绍实验室常用测量仪表的工作原理、选用及安装使用的一些基本知识。

2.1 温度测量

温度是表征物体冷热程度的物理量。通过对选择物的物理量(如液体的体积、导体的电阻等)的测量,可以定量地给出被测物体的温度值,从而实现被测物体的温度测量。

流体温度的测量方法一般分为接触式测温与非接触式测温两类。

(1) 接触式测温方法

感温元件与被测介质直接接触,需要一定的时间才能达到热平衡。因此这种方法会产生测温的滞后现象,同时感温元件也容易损坏,被测对象的温度场有可能与被测介质产生化学反应。另外,由于受到耐高温材料的限制,接触式测温方法不能应用于很高的温度测量。但接触式测温具有简单、可靠,测量精确等优点。

(2) 非接触式测温方法

感温元件与被测介质不直接接触,而是通过热辐射来测量温度。这种方法的反应速率一般比较快,且不会破坏被测对象的温度场。在原理上,它没有温度上限的限制。但非接触式测温由于受物体的发射率、对象到仪表之间的距离、烟尘和水蒸气等影响,其测量误差较大。

化工原理实验室常用的是热膨胀式温度计(玻璃管温度计)、热电偶温度计和热电阻温度计。下面主要对热电偶温度计和热电阻温度计做简单介绍。

2.1.1 热电偶温度计

热电偶是最常用的一种测温元件。它具有结构简单、使用方便、精度高、测温范围宽等优点,因而得到了广泛的应用。

(1) 热电偶测温原理

若取两根不同材料的金属导线 A 和 B,将其两端焊在一起,就组成了一个闭合回路。如将其一端加热,使该接点处的温度 T 高于另一个接点处的温度 T_0,那么在此闭合回路中就有热电势产生，如图 2-1（a）所示。如果在此回路中串接一只直流毫伏计（将金属 B 断开接入毫伏计，或者在两金属线的 T_0 接头处断开接入毫伏计均可），如图 2-1（b）所示，就可见到毫伏计中有电势指示，这种现象称为热电现象。

若把导体的两端闭合，则形成闭合回路，如图 2-2 所示。由于两金属的接点温度不同（$T > T_0$），这样就产生了两个大小不等、方向相反的热电势 $e_{AB}(T)$、$e_{AB}(T_0)$。在此闭合回路中总的热电势 $E_{AB}(T, T_0)$ 为

$$E(T, T_0) = e_{AB}(T) - e_{AB}(T_0)$$

或

$$E_{AB}(T, T_0) = e_{AB}(T) - e_{AB}(T_0) \tag{2-1}$$

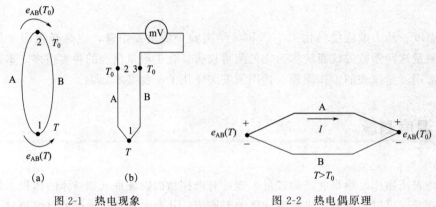

图 2-1　热电现象　　　　图 2-2　热电偶原理

也就是说，总的热电势等于热电偶两端接点热电势的代数和。当 A、B 材料固定后，热电势是接点温度 T 和 T_0 的函数之差。如果一端温度 T_0 保持不变，即为常数，则热电势就是温度 T 的单值函数了，且与热电偶的长短及直径无关。这样，只要测出热电势的大小，就能判断温度的高低，这就是利用热电现象测量温度的原理。

利用这一原理，人们选择了符合一定要求的两种不同材料的导体，将其一端焊起来，构成了一支热电偶。焊点的一端插入测温对象，称为热端或工作端，另一端称为冷端或自由端。

利用热电偶测量温度时，必须要用某些显示仪表如毫伏计或电位差计来测量热电势的数值，如图 2-3 所示。

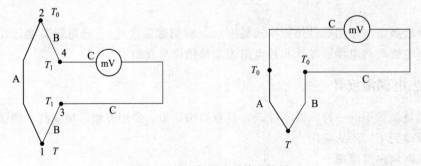

图 2-3　热电偶测温系统连接图

(2) 常用热电偶的特性

如表 2-1 所示为几种常用热电偶的特性数据。

表 2-1 常用热电偶特性

热电偶名称	型号	分度号	100℃时的热电势/mV	最高使用温度/℃	
				长期	短期
铂铑 10[①]-铂	WRLB	LB-3	0.643	1 300	1 600
镍铬-考铜	WREA	EA-2	6.950	600	800
镍铬-镍硅	WRN	EU-2	4.095	900	1200
铜-康铜	WRCK	CK	4.290	200	300

① 10 指浓度 10%。

(3) 热电偶的校验和标定

热电偶在使用之前要进行校验，使用一定时间后仍需要校验，以保证其准确性。对于工作基准或标准热电阻的校验，通常要在几个平衡点下进行，如 0℃冰水平衡点等，其要求高，方法复杂，设备也复杂，我国对此有统一的规定。对于工业用热电阻的检验，方法较简单，只要 R_0（0℃时电阻值）及 R_{100}/R_0（R_{100} 为 100℃时的电阻值）的值不超过规定的范围即可。

热电偶在使用过程中，由于受热端的氧化、腐蚀和高温下热电偶材料再结晶，使热电偶特性发生了变化，而使测量误差越来越大。为了使温度的测量保证一定的精度，热电偶必须定期进行校验，以测出热电势变化的情况。当变化超出规定的误差范围时，可以更换热电偶丝或把原来的热电偶低温端剪掉一段，重新焊接后再使用。在使用前必须重新进行校验。

(4) 实验室常用铜-康铜热电偶

化工原理实验室测温范围较窄，且温度值多在 100℃左右，故用铜-康铜热电偶作为测量元件较为合适。铜-康铜热电偶在市场上较难买到，一般自制。

热电偶焊接方法比较简单。焊接热电偶的简易装置是用电弧焊接装置，如图 2-4 所示。其主要设备为一台调节变压器 2 和一根 ϕ6mm、长 50mm 的碳棒 3（可用 1 号干电池碳棒）。碳棒一端应磨成锥状，另一端用电线与变压器输出端的一极相连。变压器输出端的另一极与待焊的热电偶相连。实验室用的热电偶多选 0.2mm（其他规格亦可）的铜-康铜丝，将其一端拧在一起。

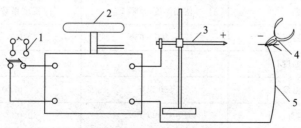

图 2-4 电弧焊接热电偶简易装置
1—电源；2—调节变压器；3—碳棒；4—绝缘夹子；5—热电偶

焊接热电偶时，当变压器输入端接通电源后，将输出端电压调到 36V，用手慢慢移动夹紧热电偶的绝缘夹子，使热电偶顶端与碳棒尖端接近，产生电火花起弧后迅速离开。要求焊点圆滑牢固，做好的热电偶可根据实验装置上的测温点位置将热电偶焊入或埋入。

测温线路如图 2-5 所示。图中，T 是待测点的温度，T_0 是冰点温度，T_1 是接线盒的温度。从 A、B 出发的平行实、虚线是测温线路的铜-康铜丝；分别从 C、D 出发的平行虚、实线是连接冰点的铜-康铜丝，A、B 与 C、D 都是通过接线盒与转换开关和二次仪表相连的。

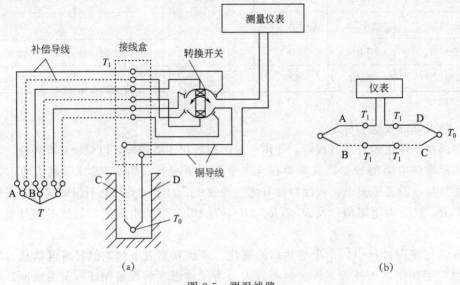

图 2-5　测温线路

2.1.2　热电阻温度计

热电阻温度计也是一种用途极广的测温仪表，它具有以下特点：
① 测量精度高，性能稳定；
② 因本身电阻大，导线的电阻影响可忽略，故信号可以远传和记录；
③ 灵敏度高，它在低温时产生的信号比热电偶大得多。

热电阻温度计的热敏元件有金属丝和半导体两种。通常，前者使用铂丝，后者利用半导体热敏物质。各种电阻温度计的性质概括如表 2-2 所示。

表 2-2　电阻温度计的性质

种类	使用温度范围/℃	温度系数/℃$^{-1}$
铂电阻温度计	$-260\sim 630$	0.0039
镍电阻温度计	150 以下	0.0062
铜电阻温度计	150 以下	0.0043
热敏电阻温度计	350 以下	$-0.03\sim -0.06$

(1) 金属电阻温度计

热电阻温度计是利用金属导体的电阻值随温度变化而改变的特性来进行温度测量的。由于高纯度铂易制备，并且铂电阻不易变质，电阻系数大，温度系数恒定，容易加工，所以金属电阻温度计几乎全用铂。

热电阻的电阻值与温度的关系如下式

$$R_T = R_0[1 + \alpha(T - T_0)] \tag{2-2}$$

$$\Delta R_T = \alpha R_0 (\Delta T) \tag{2-3}$$

式中　R_T——温度为 T（℃）时的电阻值，Ω；

　　　R_0——温度为 T_0（通常为 0℃）时的电阻值，Ω；

　　　α——电阻温度系数，℃$^{-1}$；

　　　ΔT——温度的变化量，℃；

　　　ΔR_T——电阻值的变化量，Ω。

可见，温度的变化会导致金属导体电阻的变化。这样，只要设法测出电阻值的变化，就可以达到测量温度的目的。

金属热电阻温度计的基本参数如表 2-3 所示。

表 2-3　金属热电阻温度计的基本参数

名称	代号	分度号	温度测量范围/℃	0℃时的电阻值 R_0 及其允许偏差/Ω	电阻比 $W_{100} = R_{100}/R_0$ 及其允许偏差
铂热电阻	WZB	B_{A1}/B_{A2}	$-200 \sim +650$	$(46 \pm 0.046)/100 \pm 0.1$	1.391 ± 0.001
铜热电阻	WZG	Cu50/Cu100	$-50 \sim +150$	$(50 \pm 0.05)/100 \pm 0.1$	1.428 ± 0.002
镍热电阻	WZN	Ni50/Ni100	$-60 \sim +180$	$(50 \pm 0.05)/100 \pm 0.1$	1.617 ± 0.007

(2) 半导体电阻（热敏电阻）温度计

半导体热敏电阻是用各种氧化物按一定比例黏结烧结而成的，其灵敏度高、体积小、价格便宜，缺点是测温范围窄、重复性差。热敏电阻体是由锰、镍、钴、铁、锌、钛、镁等金属氧化物以适当比例混合烧结而成的。热敏电阻和金属导体的热电阻不同，它属于半导体，具有负电阻温度系数，其电阻值随温度的升高而减小，随温度的降低而增大。

2.1.3　测温仪表的选择与比较

在选择测温仪表时，通常要考虑以下几点。

① 被测物体的温度是否需要指示、记录和自动控制。

② 能否便于读数和记录。

③ 测温范围和精度能否达到要求。

④ 感温元件尺寸的大小是否合适。

⑤ 在被测温度随时间变化时，感温元件的滞后性能否符合测温要求。

⑥ 被测物体和环境条件对感温元件是否有损害。

⑦ 仪表在使用上是否方便。

⑧ 仪表的寿命。

具体温度仪表的选择如表 2-4 所示。

表 2-4 测温仪表的选择与比较

种类	名称	原理	优点	缺点	应用场合
接触式仪表	玻璃管式液体温度计	液体受热时体积膨胀	结构简单,使用方便,精度高,价格便宜	测量上限和精度受限,易碎,不能记录和远传	就地测量,电接点式可用于位式控制和报警
	双金属温度计	金属受热时产生线性膨胀	结构简单,机械强度大,价格便宜	精度低,量程与使用范围均受限	
	压力式温度计	液体或气体受热后产生体积膨胀或压力变化	结构简单,不怕振动,具有防爆性,易就地集中测量,价格便宜	精度低,测量距离较远时,滞后性较大,损坏后不易修复	可就地集中测量,也可用于自动记录、控制和报警
	热电偶温度计	两种不同热敏性金属导体接点受热后产生电势	精度高,测温范围广,与热电阻相比,安装方便,寿命长,便于远距离、多点、集中测量和自动控制	需冷端补偿,在低温段测量时精度低	可以和显示仪表配套使用,也可以实现集中显示、记录、报警和自动控制
	热电阻温度计	导体或半导体的电阻随着温度而改变	测温精度高,便于远距离、多点、集中测量与自动控制	不能测高温,由于体积大,测量点温度较困难	
非接触式仪表	光电高温度计	加热体的颜色随温度而变化	精度高,测温快	只能测量高温段,结构复杂,读数繁琐,价格高	适用于不接触的高温测量
	光学高温度计	加热体随亮度和温度而变化	测温范围广,携带方便	只能目测高温段和低温段,测量精度低	
	辐射式温度计	加热体的辐射能随温度而变化	测温范围广,测温快,价格便宜	测量精度与环境条件有关,只能测高温,对低温段测量不准,误差大	

2.2 压力测量

在化学工业和化工实验中,过程的操作压力是一个非常重要的参数。化工生产和科学研究中测量的压力范围很广,从 1000MPa 到低于大气压的负压(高真空度),要求的精度也各不相同,所以目前使用的压力测量仪器种类很多,原理各异。

按仪表的工作原理不同,压力测量仪器可分为如下几种。

➢ 液体柱式压力计:利用液体高度产生的力去平衡未知力的方法来测量压力的压力计。

➢ 弹性压力计:利用弹性元件受压后变形产生的位移来测量压力的压力计。

➢ 电测压力计:通过某些转换元件,将压力变换为电量来测量压力的压力计。

按所测的压力范围不同,压力测量仪器可分为如下几种。

➢ 压力计:测量压力的仪表。

- 气压计：测量大气压力的仪表。
- 微压计：测量 $10N/cm^2$ 以下的压力的仪表。
- 真空计：测量真空度或负压力的仪表。
- 压差计：测量两处压力差的仪表。

按仪表的精度等级不同，压力测量仪器可分为如下几种。
- 标准压力计：精度等级在 0.5 级以上的压力计。
- 工程用压力计：精度等级在 0.5 级以下的压力计。

按显示方式不同，压力测量仪器可分为指示式、自动记录式、远传式、信号式等。

下面对化工原理实验室中常用的液柱式压力计、弹性压力计和电测压力计做简单介绍。

2.2.1 液柱式压力计

液柱式压力计构造简单、使用方便、测量准确度高，但耐压程度差、结构不牢固、容易破碎，测量范围小、示值与工作液体密度有关。常用的液柱式压力计主要有 U 形管式压力计、单管式压力计、斜管微压计、微差压力计等。其结构及特性见表 2-5。

表 2-5 测温仪表的选择与比较

名称	示意图	测量范围	静态方程	备注
U 形管式压力计		高度差 h 不超过 800mm	$p_1-p_2=\Delta p=(\rho_B-\rho_A)gh$	零点在标尺中间，用前不需调零，常用作标准压差计校正流量计
斜管微压计		高度差 h 不超过 200mm	$\Delta p=\rho g L\sin\alpha$	α 小于 $15°\sim 20°$ 时，可改变 α 的大小来调整测量范围，零点在标尺下端，用前需调整
微差压强计		高度差 h 不超过 500mm	$p_1-p_2=\Delta p=Rg(\rho_B-\rho_A)$	U 形管中间装有 A 和 B 两种密度相近的指示液，且两臂上方有扩大室，皆在提高测量精度

2.2.2 弹性压力计

常用的弹性元件如表 2-6 所示，其中波纹膜片和波纹管多用于化工实验的微压和低压测量；单圈和多圈弹簧管可用于高、中、低压，直到真空度的测量。

表 2-6 常用弹性元件的结构和特性

类别	名称	示意图	测量范围/MPa 最小	测量范围/MPa 最大	输出特性	动态性质 时间常数/s	动态性质 振动频率/Hz
膜片式	平薄膜		$0\sim10^{-2}$	$0\sim10^{2}$	F(力), x(位移) vs p_x	$10^{-5}\sim10^{-2}$	$10\sim10^{4}$
膜片式	波纹膜		$0\sim10^{-6}$	$0\sim1$	F, x vs p_x	$10^{-2}\sim10^{-1}$	$10\sim10^{2}$
膜片式	挠性膜		$0\sim10^{-8}$	$0\sim0.1$	F, x vs p_x	$10^{-2}\sim1$	$1\sim10^{2}$
波纹管式	波纹膜		$0\sim10^{6}$	$0\sim1$	x vs p_x	$10^{-2}\sim10^{-1}$	$10\sim10^{2}$
弹簧管式	单圈弹簧管		$0\sim10^{-4}$	$0\sim10^{3}$	x vs p_x	—	$10^{2}\sim10^{3}$
弹簧管式	多圈弹簧管		$0\sim10^{-5}$	$0\sim10^{2}$	x vs p_x	—	$10\sim10^{2}$

2.2.3 电测压力计

电测压力计一般由压力传感器、测量电路和指示器（或记录表、数据处理器）三部分组成。它们之间的相互关系可用图 2-6 表示。

图 2-6 电测式压力计的组成框图

电测压力的方法是通过转换元件将被测压力参数按一定规律转换成与其有确定对应关系的电信号送至显示仪表，指示压力数值，完成这一变换的机械和电气元件称为传感器。压力传感器种类繁多，根据作用原理可分为应变片式、电阻式、电感式、电容式、电压式、霍尔式和谐振式。

2.2.4 压力计的校验和标定

新出厂的压力计,在出厂前要进行校验,以鉴定其技术指标是否符合规定的精度。当压力计在使用一段时间后,也要进行校验,目的是确定是否符合原来的精度。如果确认误差超过规定值,就应对该压力计进行检修,经检修后的压力计仍需要进行校验才能使用。

对压力计进行校验的方法很多,一般分为静态校验和动态校验两大类。静态校验主要是测定静态精度,确定仪表的等级。它有两种方法:一种为"标准表比较法";另一种为"砝码校验法"。动态校验主要是测量压力计(电测压力计)的动态特性,如仪表的过渡过程、时间常数和静态精度等。常用的方法是"激波管法"。

2.3 流量测量

流量是化工生产与科学实验中的重要参数,无论是工业生产还是科学实验都要进行流量的测定,并核算过程或设备的生产能力、各部分流量所占的比例,以便对过程或设备做出评价。

流量表示单位时间流过的流体质量(kg/h)或流体体积(m^3/h)。测量流量的方法和仪器很多,常用流量计有差压式(孔板、喷嘴、文丘里管)流量计、转子流量计、湿式流量计、涡轮流量计和质量流量计。

2.3.1 差压式流量计

差压式流量计是基于流体经过节流元件(局部阻力)时所产生的压力降实现流体测量的。其结构及特征见表 2-7。

表 2-7 常用差压式流量计比较

名称	示意图	孔径比($\beta=d/D$)	特点
孔板流量计		0.02~0.8	① 结构简单,易加工造价低,但能量损失大于喷嘴和文丘里管流量计 ② 安装应注意方向,不能装反 ③ 对于在测量过程中易使节流装置变脏、磨损和变形的脏污和腐蚀性的介质中不宜使用
喷嘴流量计		0.32~0.8	① 能量损失仅次于文丘里管,有较高的测量精度 ② 对腐蚀性大、易磨损喷嘴和脏污的被测介质不太敏感 ③ 喷嘴前后所需直管段长度较短
文丘里管流量计		0.4~0.7	① 能量损失为各种节流装置中最小者,流体流过文丘里管后压力基本能恢复 ② 制造工艺复杂,成本高

2.3.2 转子流量计

转子流量计是通过改变流通面积的方法测量流量。其具有结构简单、价格便宜、刻度均匀、直观、量程比大、使用方便和能量损失小的特点，特别适合于小流量的测量。

2.3.3 湿式流量计

湿式流量计属于容积式流量计。它是实验室常用的一种仪器，主要由圆鼓形壳体、转鼓及传动计数机构组成，如图2-7所示。湿式流量计可直接用于测量气体流量，也可用作标准仪器检定其他流量计。

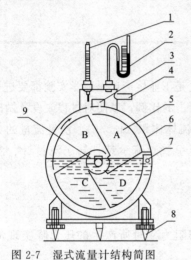
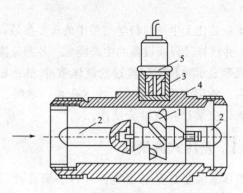

图2-7 湿式流量计结构简图
1—温度计；2—压差计；3—水平仪；4—排气管；
5—转鼓；6—壳体；7—水位器；8—可调支脚；9—进气管

图2-8 涡轮流量计结构简图
1—涡轮；2—导流管；3—磁电感应转换器；
4—外壳；5—前置放大器

2.3.4 涡轮流量计

如图2-8所示，涡轮流量计是一种速度流量计，它是在动量守恒原理的基础上设计的。涡轮叶片因受流体冲击而旋转，旋转速度随流量的变化而改变。通过适当的装置，将涡轮转速换成电脉冲信号。通过测量脉冲频率，或用适当的装置将电脉冲转换成电压或电流输出，最终获得流量。

涡轮流量计的优点主要有：① 测量精度高；② 对于被测信号变化反应快。

2.3.5 质量流量计

前面介绍的流量计都是测量流体体积的流量计。从普遍意义上来讲，体积流量计的测量技术比较成熟，价格比较适中，应用也较广泛。而在工业生产中，在物料衡算、热量衡算和经济核算中常常需要质量。在测量中，常常会将测出的体积流量乘以密度换算成质量流量。由于密度是随流体温度、压力变化的，因此，在测量体积流量时，必须同时检测出流体的温度和压力，以便将体积流量换算成标准状态下的数值，进而求出质量流量。这样，如果温度和压力变化比较频繁，不仅换算工作十分麻烦，有时甚至难以达到测量的目的。若能直接测量质量流量，则无需进行上述换算就能够提供准确的流量。

质量流量的测量方法，主要有两种形式。

➢ 直接式：即直接检测与质量流量成比例的量，检测元件直接反映出质量流量。

➢ 推导式：即用体积流量计和密度计组合的仪表来测量质量流量，同时检验出体积流量和流体的密度，通过运算器得出与质量流量有关的输出信号。

2.3.6 流量计的检验和标定

能够正确地使用流量计，才能得到准确的流量测量值。应该充分了解流量计的构造和特性，采用与其相应的方法进行测量，同时还要注意使用中的维护、管理。每隔一段时间要标定一次。当遇到下述几种情况时，应考虑对流量计进行标定：

① 长时间不使用。
② 进行高精度测量时。
③ 对测量值产生怀疑时。
④ 当被测流量特性不符合流量计标定用的流体特性时。

标定液体流量计的方法可按校验装置中标准器的形式分为容器式、称重式、标准体积管式和标准流量计式等。

标定气体流量计的方法和标定液体流量计的方法一样。但在标定气体流量计时，需特别注意被测气体的温度、压力、湿度，以及在测量中气体性质是否会发生变化等。

第 3 章

基础与综合实验

3.1 流体流动阻力测定实验

【实验任务与目的】

① 掌握流体流经管道或管件的直管阻力和局部阻力的测定方法。
② 测定流体在管内流动时的摩擦阻力系数及突然扩大管和阀门的局部阻力系数 ζ。
③ 测定层流时管路的摩擦阻力。
④ 验证湍流区内摩擦阻力系数 λ 与雷诺数 Re 和相对粗糙度之间的关系。
⑤ 将所得光滑管的 λ-Re 方程与柏拉修斯方程做比较。

【实验基本原理】

流体在圆形直管中做稳定流动时,由于流体的黏性作用和涡流影响产生摩擦阻力。流体在流过突然扩大管、弯头和阀门等管件时,由于流体运动的速度和方向发生变化,产生局部阻力。影响流体阻力损失的因素众多,目前还不能完全用理论方法解决流体阻力的计算问题,必须通过实验研究来掌握其规律。通常采用量纲分析法,引入无量纲数群,得到在一定条件下具有普遍意义的结果。

1. 直管摩擦阻力

由于流体阻力与流体性质、流体流经处的管路几何尺寸及流体的流动条件有关,故阻力与诸多变量之间的关系可以表示为

$$h_f = f(L, d, u, \rho, \mu, \varepsilon)$$

根据量纲分析法,可将上述变量之间的关系转变为无量纲数群关系。

定义:雷诺数 $Re = \dfrac{du\rho}{\mu}$,是表征流体流动形态的无量纲数群;相对粗糙度 ε/d,是表示管壁相对粗糙程度的无量纲数群;管子的管长与管径比 $\dfrac{L}{d}$,是表示管子相对长度的无量纲数群。

从而可得

$$\frac{h_\mathrm{f}}{u^2}=\phi\left(\frac{du\rho}{\mu},\ \frac{L}{d},\ \frac{\varepsilon}{d}\right) \text{或} h_\mathrm{f}=\frac{L}{d}\phi'\left(Re,\ \frac{\varepsilon}{d}\right)\frac{u^2}{2}$$

令

$$\lambda=\phi'\left(Re,\ \frac{\varepsilon}{d}\right)$$

则有

$$h_\mathrm{f}=\frac{\Delta p}{\rho}=\lambda\frac{L}{d}\frac{u^2}{2} \tag{3-1}$$

式中　Δp——直管中由于摩擦阻力引起的压强降，$\mathrm{N/m^2}$；

　　　L——管道长，m；

　　　d——管道内径，m；

　　　ρ——流体密度，$\mathrm{kg/m^3}$；

　　　u——流体的平均流速，m/s；

　　　λ——摩擦系数，无量纲；

　　　h_f——单位质量流体损失机械能，J/kg。

Δp 值可由压差计中的读数 R 换算得出。$\Delta p=R(\rho_水-\rho_空)g$，其中空气的密度在计算时可忽略。

当流体在圆形管中流动时，选取两个截面，用 U 形管式压差计测出这两个截面间的静压强差，即为流体流过两截面间的流动阻力。根据伯努利方程中静压强差和摩擦阻力系数的关系，即可求出摩擦阻力系数。改变流速可测出不同 Re 下的摩擦阻力系数，这样就可得出某一相对粗糙度下圆形直管的 λ-Re 关系。

(1) 湍流区的摩擦阻力系数

在湍流区内

$$\lambda=\phi'\left(Re,\ \frac{\varepsilon}{d}\right)$$

对光滑管，当 Re 在 $3\times10^3\sim1\times10^5$ 范围时，λ 与 Re 的关系遵循柏拉修斯关系式

$$\lambda=0.3164Re^{-0.25} \tag{3-2}$$

对粗糙管，λ 与 Re 的关系均由图来表示。

(2) 层流区的摩擦阻力系数

$$\lambda=64/Re \tag{3-3}$$

2. 局部阻力

流体流过阀等管件所引起的压强降可用局部阻力计算式表示

$$h_\mathrm{f}=\frac{\Delta P}{\rho}=\zeta\frac{u^2}{2} \tag{3-4}$$

式中　h_f——流体流过管件时的局部摩擦阻力损失；

　　　ζ——局部阻力系数；

　　　u——流体的平均流速，其与流体流过管件的几何形状及流体的 Re 有关，当 Re 达到一定值后，λ 与 Re 无关，u 即成为定值。

【实验装置、流程与主要设备尺寸】

1. 实验装置及流程

本实验的实验装置流程如图 3-1 所示。管道为水平安装，实验用水为循环使用。其中，No.1 管为层流管；No.2 管安装有球阀和截止阀两个管件；No.3 为光滑管；No.4 为粗糙管；No.5 为突然扩大管；a_1、a_2 为层流管两端的测压口；b_1、b_2 为球阀两端的测压口；c_1、c_2 为截止阀两端的测压口；d_1、d_2 为光滑管两端的测压口；e_1、e_2 为粗糙管两端的测压口；f_1、f_2 为突然扩大两端的测压口；系统中装有一个孔板流量计和一个涡轮流量计用来测定流量。

流体流动阻力测定实验装置

在实验的测量系统图（图 3-1）的左侧，有一套倒 U 形管式压差计和一组切换阀，倒 U 形管式压差计用来测定孔板压差、直管和局部压降。各测压点均与板面后两个汇集管相连，通过板面上切换阀与倒 U 形管式压差计相连通，用来测定直管阻力、局部阻力和孔板压差。其测压口与装置相同编号的测压口相连接。流量还可以用涡轮流量计测量。

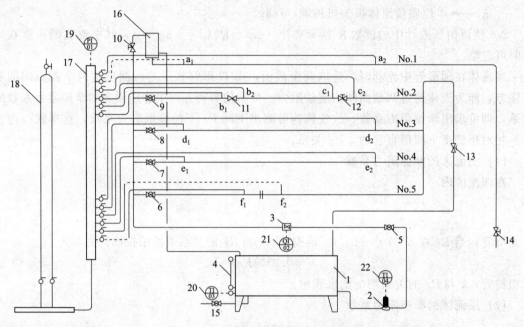

图 3-1 流体流动阻力测定实验装置流程

1—水箱；2—离心泵；3—涡轮流量计；4—液面计；5~9—切换阀；10—高位水槽上水阀；11—球阀；12—截止阀；13—流量调节阀；14—层流流量调节阀；15—水箱进、放水阀；16—高位槽；17—测压口分配管；18—倒 U 形管式压差计；19—压力降显示表；20—液位控制仪表；21—流量显示表；22—变频仪

2. 主要设备及尺寸

① 供水系统：循环水箱（600mm×500mm×400mm）、离心泵。
② 管路：在设备中有 5 条横向排布的管线，自上而下分别为：
No.1 管为层流管，管规格为 ϕ6mm×1.6mm，两测压点间距离为 1.2m；
No.2 管为球阀和截止阀连接管，管规格为 ϕ27mm×3.5mm；
No.3 管为光滑管，管规格为 ϕ27mm×3.5mm，两测压点间距离为 1.5m；
No.4 管为粗糙管，管规格为 ϕ26mm×2mm，两测压点间距离为 1.5m；

No.5 管为突然扩大管，管规格为 $\phi22mm\times3mm$ 和 $\phi49mm\times3.5mm$ 组成，两测压点间距离为 0.45m。

③ 流量计：孔板流量计，孔径为 $\phi24mm$，孔流系数 $C_0=0.73$。

【实验操作要点】

1. 实验前的准备工作

① 熟悉实验装置及流程，观察与调试各部位的测量仪表。

② 在关闭泵调节阀的情况下启动离心泵，打开被测管线上的开关阀及板面上与其对应的切换阀，关闭其他开关阀和切换阀，确保测压点一一对应。

③ 系统的排气过程。倒 U 形管式压差计的调整：打开倒 U 形管式压差计上部的放空旋钮，调节倒 U 形管下部的旋钮，使水和气泡从倒 U 形管式压差计上部排走。再迅速关闭总进口阀，使倒 U 形管式压差计两液面调整到适当位置（适当位置应保证压差计有足够的量程）。检验气体是否排净的方法是当液体的流量为零时，倒 U 形管式压差计中两液柱是否水平。关好倒 U 形管式压差计的上部旋钮，全开调节阀，再看倒 U 形管式压差计的量程是否合适。重新关闭调节阀，看倒 U 形管式压差计液面是否仍在适宜的位置。

2. 阻力测定

① 在测取数据时，应注意稳定后再读数。测定直管摩擦阻力时，用流量调节阀控制流量，流量由大到小，并充分利用板面量程测取 10 组以上不同流量的数据，然后再由小到大测取几组数据，以检验数据的重复性。测定突然扩大管、球阀和截止阀的局部阻力时，各测取 3 组数据。层流管的流量用量筒和秒表测取，并记录有关数据。

② 测完一根管的数据后，将流量调节阀关闭，观察倒 U 形管式压差计的两液面是否水平，水平时才能更换另一根管路，否则数据无效。同时要了解各种阀门的特点，学会阀门的使用，注意阀门的切换，阀门要关严，防止内漏。

③ 先测光滑管线，然后测粗糙管线，再测突然扩大管、球阀和截止阀等管线的局部阻力，最后测层流管线。测后，关闭调节阀再停泵。

【实验注意事项】

① 在倒 U 形管式压差计的调整过程中，一定要关闭调节阀，否则水将从上部喷出。

② 两出口不能同时关闭，因此在改换转子流量计时，应先打开需用的，再关闭用过的转子流量计。

③ 注意阀门的正确用法：旋转逆时针方向为开，旋转顺时针方向为关。

④ 在测试数据时，流量的改变要均匀合理，可事先估计一下。

【实验数据处理要求】

① 填好数据表格，进行有关计算过程（应有原始记录表、中间运算表和结果表）。

② 根据实验数据计算 λ-ε/d-Re 对应关系，在双对数坐标上绘出湍流的关系曲线。

③ 用学过的方法确定实验结果的 $\lambda=f(Re)$ 数学关系式，并将光滑管的 Re-λ 关系与柏拉修斯公式进行比较。对数据进行必要的误差分析。

④ 计算局部阻力系数 ζ。

⑤ 在双对数坐标纸上绘出层流时的 Re-λ 关系曲线。
⑥ 原始记录表如表 3-1 和表 3-2 所示,在数据处理过程中还应做好中间运算表和结果表。

表 3-1　流体流动阻力测定实验原始记录表

实验班级:_____　实验者姓名:_____　实验装置号:_____
指导教师签字:_____　实验日期:_____
光滑管:管长 $L=$_____,管内径 $d=$_____,水温 $t=$_____
粗糙管:管长 $L=$_____,管内径 $d=$_____,水温 $t=$_____

序号	光滑管		序号	粗糙管	
	压差计读数/kPa	流量/(m³/h)		压差计读数/kPa	流量/(m³/h)
1			1		
2			2		
⋮			⋮		
10			10		

表 3-2　流体流动局部阻力(阀门或突然扩大管)测定实验原始记录表

实验班级:_____　实验者姓名:_____　实验装置号:_____
指导教师签字:_____　实验日期:_____

序号	管件名称	压降/kPa	流量/(m³/h)
1			
2	球阀		
3			
4			
5	截止阀		
6			
7			
8	突然扩大管		
9			

【实验思考题】

① 实验中直接测取哪些数据?记录数据应注意什么问题?
② 倒 U 形管式压差计与 U 形管式压差计有何区别?使用时应注意什么?
③ 如何排净测压导管中的残存空气?怎么知道测压系统中已排净气体?
④ 什么是流体阻力?有几种表示方法?
⑤ 影响流体阻力大小的因素有哪些?
⑥ 用压强降表示阻力时,管路中两截面间压强差是否等于阻力?应怎样分析?
⑦ 试分析测取直管摩擦阻力有何意义?

⑧ 摩擦系数在不同区域各有何特点？
⑨ 如实现计算机在线测控温度、流量和压力，应如何选用传感器和仪表？
⑩ 简述涡轮流量计的工作原理，在安装时应注意哪些问题？

3.2 流量计的标定实验

【实验任务与目的】

① 了解文丘里管、转子、孔板和涡轮流量计的构造、工作原理和主要特点。
② 掌握流量计的标定方法。
③ 掌握节流式流量计的流量系数 C_0、C_V 随雷诺数 Re 的变化规律，以及流量系数 C_0、C_V 的确定方法。
④ 绘出涡轮流量计与转子、文丘里管、孔板流量计之间的标定曲线。
⑤ 学习合理选择坐标系的方法。

【实验基本原理】

在管路中做稳定流动的流体通过孔口（文丘里管、孔板流量计的管喉道）时，由于截面面积缩小、流速增大、静压能降低而使孔口前后产生压降，流速越大，压降越大，由此原理可以测得孔板流量计或文丘里管流量计的系数。

1. 孔板流量计

在水平管路上装有一个孔板（孔板为中间开有圆孔的金属薄板），孔板前后测压管与 U 形管式压差计相连。流体流过孔板的孔口时，因速度变化而产生压降，同时在出口处形成了"缩脉"，此处的流道截面面积最小，流速最大，引起的静压降也最大。孔板流量计就是利用压降随流量变化来测定流体的流量的。若不考虑损失，在孔板上游截面 1-1′ 和缩脉 2-2′ 处列伯努利方程，整理得

$$\frac{u_2^2 - u_1^2}{2} = \frac{p_1 - p_2}{\rho} \tag{3-5}$$

或

$$\sqrt{u_2^2 - u_1^2} = \sqrt{\frac{2(p_1 - p_2)}{\rho}} \tag{3-6}$$

由于缩脉的位置随流速的变化而改变，故缩脉处的截面积很难确定，而孔板孔口的面积是已知的，用孔板的孔口流速 u_0 代替缩脉处的流速 u_2，并考虑所引起的能量损失，用 C 加以校正，将上式改为

$$\sqrt{u_0^2 - u_1^2} = C\sqrt{\frac{2(p_1 - p_2)}{\rho}} \tag{3-7}$$

对不可压缩流体，根据连续性方程又可得

$$u_1 = u_0 \left(\frac{A_0}{A_1}\right) \tag{3-8}$$

代入上式整理后得

$$u_0 = \frac{C\sqrt{2(p_1-p_2)/\rho}}{\sqrt{1-\left(\frac{A_0}{A_1}\right)^2}} \tag{3-9}$$

令

$$C_0 = \frac{C}{\sqrt{1-\left(\frac{A_0}{A_1}\right)^2}} \tag{3-10}$$

孔板前后的压降用 U 形管式压差计测量，即

$$p_1 - p_2 = R(\rho_0 - \rho)g \tag{3-11}$$

得

$$u_0 = C_0\sqrt{\frac{2R(\rho_0-\rho)g}{\rho}} \tag{3-12}$$

根据 u_0 和孔口截面积 A_0 即可求得流体的体积流量

$$q_V = u_0 A_0 = C_0 A_0 \sqrt{\frac{2gR(\rho_0-\rho)}{\rho}} = C_0 A_0 \sqrt{\frac{2\Delta p}{\rho}} \tag{3-13}$$

式中　A_0——孔板孔口的截面积，m^2；

　　　g——重力加速度，m/s^2；

　　　C_0——流量系数，无量纲；

　　　R——U 形管式压差计的读数，m；

　　　ρ——被测流体密度，kg/m^3；

　　　ρ_0——U 形管式压差计指示液密度，kg/m^3。

孔板流量系数的大小与流体流经孔板的能量损失、测压口的位置、孔径、管径比和雷诺数有关，具体数值的大小由实验确定。当 A_0/A_1 一定时，雷诺数 Re 超过某个数值后 C_0 就接近于定值。

2. 文丘里管流量计

孔板流量计的主要缺点是流体通过孔板时，由于流道的突然缩小而产生涡流，因而造成能量的严重损失。文丘里管流量计为一管径逐渐均匀缩小又逐渐均匀扩大的光滑管。收缩管与扩大管接合处，成为文丘里管的喉部，在很大程度上避免了涡流产生的能量损失。

文丘里管流量计公式

$$q_V = u_0 A_0 = C_V A_0 \sqrt{\frac{2gR(\rho_0-\rho)}{\rho}} = C_V A_0 \sqrt{\frac{2\Delta p}{\rho}} \tag{3-14}$$

式中　C_V——文丘里管流量计的流量系数（无量纲），其余各项意义同孔板流量计。

【实验装置、流程与主要设备尺寸】

1. 实验装置及流程

本实验中水的流程为用离心泵将储水槽中的水直接送到实验管路中，经涡轮流量计计量后分别进入到转子流量计、孔板流量计、文丘里管流量计，最后返回储水槽。当测量孔板流量计时，把流量计前的调节阀门 11、13 打开，关闭阀门 10、12；当测量文丘里管流量计时，把流量计前的阀门 10、11 打开，关闭阀门 12、13；当测量转子流量计时，把阀门 12、13 打开，关闭阀门 10、

流量计标定实验装置

11。由调节阀 10、12、13 来调节水的流量。温度由铜电阻温度计测量。

实验流程如图 3-2 所示。

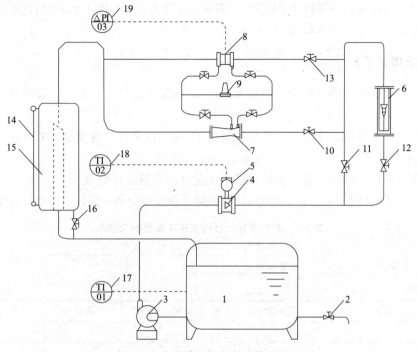

图 3-2　流量计的标定实验装置流程

1—水箱；2—放水阀；3—离心泵；4—涡轮流量计；5—频率计；6—转子流量计；
7—文丘里管流量计；8—孔板流量计；9—压差传感器；10～13，16—流量调节阀；
14—液面计；15—计量槽；17—温度显示表；18—流量显示表；19—孔板压差显示表

2. 主要设备及尺寸

① 离心泵：型号 WB70/055，转速 $n=2800$ r/min，流量 20～120L/min，扬程 $H=19$～13.5m。

② 储水槽：550mm×400mm×450mm。

③ 实验管路：内径 $d=40.0$mm。

④ 涡轮流量计：ϕ15mm，最大流量 6m^3/h。

⑤ 孔板流量计：孔板孔径 ϕ14mm。

⑥ 文丘里管流量计：喉径 ϕ14mm。

⑦ 转子流量计：LZB-40（400～4000m^3/h）。

⑧ 铜电阻温度计、压差变送器（0～200kPa）和体积流量桶。

【实验操作要点】

① 启动离心泵前，关闭泵流量调节阀 10～13。

② 启动离心泵。

③ 按流量从小到大的顺序进行实验。用流量调节阀调某一流量，待稳定后，记录流量、压强差、水温等。

④ 实验结束后，关闭泵的出口流量调节阀 10～13 后，停泵。

【实验注意事项】

① 阀门 10~13 在离心泵启动前应关闭,避免由于压力过大而将转子流量计的玻璃管打碎。

② 关泵前,应先关闭出口阀 10~13。

【实验数据处理要求】

① 在双对数坐标系中分别绘出涡轮流量计 q_V 对孔板流量计、文丘里管流量计的 q_V-Δp 关系曲线。

② 在单对数坐标系上分别绘出孔板流量计 C_0-Re 和文丘里管流量计 C_V-Re 关系曲线,并通过曲线查找出 C_0、C_V 的数值,得出 q_V-Δp 关系式。

③ 在直角坐标中绘出涡轮流量计对转子流量计的流量校正曲线。

④ 原始记录表如表 3-3~表 3-6 所示,在数据处理过程中还应做好中间运算表和结果表。

表 3-3 孔板流量计性能测定实验原始记录表

实验班级:_____ 实验者姓名:_____ 实验装置号:_____
指导教师签字:_____ 实验日期:_____
水温:t_1=_____, t_2=_____

序号	孔板流量计 Δp/kPa	涡轮流量 q_V/(m³/h)	流速 u/(m/s)	雷诺数 Re	孔流系数 C_0
初始值					
1					
2					
⋮					
10					

表 3-4 文丘里管流量计性能测定实验原始记录表

实验班级:_____ 实验者姓名:_____ 实验装置号:_____
指导教师签字:_____ 实验日期:_____
水温:t_1=_____, t_2=_____

序号	孔板流量计 Δp/kPa	涡轮流量 q_V/(m³/h)	流速 u/(m/s)	雷诺数 Re	孔流系数 C_V
初始值					
1					
2					
⋮					
10					

表 3-5 转子流量计性能测定实验原始记录表

实验班级:_____ 实验者姓名:_____ 实验装置号:_____
指导教师签字:_____ 实验日期:_____

序号	转子流量计流量/(L/h)	转子流量计流量/(m³/h)	涡轮流量/(m³/h)
1			
2			

续表

序号	转子流量计流量/(L/h)	转子流量计流量/(m³/h)	涡轮流量/(m³/h)
⋮			
10			

表 3-6　体积法测定实验原始记录表

实验班级：_____　　实验者姓名：_____　　实验装置号：_____
指导教师签字：_____　　实验日期：_____

序号	转子流量计流量/(L/h)	初始刻度/mm	最终刻度/mm	时间/s	计量槽体积/L	流量/(m³/h)
1						
2						
⋮						
10						

【实验思考题】

① 为什么要对流量计进行标定？
② 简述文丘里管流量计的工作原理。
③ 简述孔板流量计的工作原理。
④ 简述转子流量计的工作原理。
⑤ 排出文丘里管流量计、孔板流量计、转子流量计及涡轮流量计测定流量的准确性次序。
⑥ 实验结果需要作哪几条曲线？分别选取什么方式的横、纵坐标（直角坐标或对数坐标）？
⑦ 实验中要注意哪些问题？
⑧ 简述流量系数的物理意义。为什么各种流量计的流量系数各不相同？
⑨ 为什么要进行流量计校核？本实验要校核几项内容？要测哪些数据？
⑩ 实验中要注意什么问题？
⑪ 如何排出测压导管中的气体？怎样才能知道测压导管中是否排净气体？为什么只有排净气体才能使用压差计？
⑫ 文丘里管流量计的原理是什么？为什么要用压差计与之配合使用？
⑬ 实验中应用了哪些流体力学原理？

3.3　离心泵特性曲线测定实验

【实验任务与目的】

① 了解离心泵的结构及其相关仪表的使用方法，掌握离心泵的操作和调节方法。
② 测定一定转速下的离心泵特性曲线，并确定泵的最佳工作范围。
③ 测定管路特性曲线。

④ 掌握用误差理论来确定曲线及标绘坐标比例的方法。

【实验基本原理】

1. 离心泵的特性曲线

离心泵是应用最广泛的一种液体输送设备。它的性能参数取决于泵的内部结构、叶轮形式和转速。其中，理论压头与流量的关系可以通过对泵内液体质点运动的理论分析得到。由于流体有黏性并在流动中产生涡流，使流体流经泵时，不可避免地会遇到各种阻力，造成一定的能量损失，如冲击损失、摩擦损失和环流损失等，因此，实际压头比理论压头要小，且难以通过理论计算求得。通常只能采用实验的方法，直接测定其参数间的关系，并将在一定转速下测出的 H-Q、P-Q、η-Q 三条线称为离心泵的特性曲线。

另外，根据此特性曲线也可以确定泵的适宜操作条件，作为选用泵的重要依据。

(1) 流量 Q 的测定

转速一定，用泵的出口阀调节流量。管路中流过的液体流量通过涡轮流量计和变频仪来确定。

(2) 扬程 H_e 的测定

根据离心泵进出口管上安装的真空表和压力表读数，列伯努利方程可算出扬程

$$H_e = H_{压力表} + H_{真空表} + h_0 + \frac{u_2^2 - u_1^2}{2g} \tag{3-15}$$

式中　$H_{压力表}$，$H_{真空表}$——泵出口压力表和泵入口真空表的压力值，mH_2O（$1mH_2O$ = 9.807kPa）；

　　　h_0——压力表与真空表测压口之间的垂直距离，$h_0 = 0.13m$；

　　　u_1，u_2——泵进、出口内的流速，m/s。

(3) 功率 $P_{电机}$ 的测定

由三相功率表直接测定电机功率 $P_{电机}$，其单位为 kW。

(4) 效率 η 的测定

泵的效率 η 为有效功率 P_e 与轴功率 $P_轴$ 之比

$$\eta = P_e / P_轴 \tag{3-16}$$

$$P_e = \frac{H_e Q \rho g}{1000} \tag{3-17}$$

式中　P_e——有效功率，kW；

　　　Q——流量，m^3/s；

　　　H_e——扬程，m；

　　　ρ——流体密度，kg/m^3。

在实验中，如测定的是电机的输出功率，则求得的效率为包括电机效率和传动效率在内的总效率

$$\eta_总 = \frac{P_e}{P_轴} \tag{3-18}$$

泵的轴输入离心泵的功率 $P_轴$ 为

$$P_轴 = P_电 \eta_电 \eta_传 \tag{3-19}$$

式中　$P_电$——电机功率，kW；

$\eta_{电}$——电机效率，由电机效率曲线求取，可取 $\eta_{电}=0.9$；

$\eta_{传}$——机械传动效率，因为同轴 $\eta_{传}=1$。

2. 管路特性曲线

当离心泵安装在特定的管路系统中工作时，实际的工作压头和流量不仅与离心泵本身的性能有关，还与管路特性有关，也就是说，在液体输送过程中，泵和管路二者是相互制约的。

对一特定的管路系统列伯努利方程，可导出

$$H_e = K + BQ^2 \tag{3-20}$$

式中　H_e——管路所需的压头，m；

　　　Q——流量，m³/s。

当操作条件一定时，K 和 B 均为常数

$$K = \Delta z + \frac{\Delta p}{\rho g}$$

$$B = \left(\lambda \frac{L + \Sigma L_e}{d} + \Sigma \zeta\right) \frac{1}{2g \times (3600A)^2}$$

式中　Δz——位能差，J/kg；

　　　Δp——静压差，Pa；

　　　L——管道长度，m；

　　　L_e——局部阻力的当量长度，m；

　　　d——管道直径，m；

　　　ζ——局部阻力系数；

　　　A——管道截面面积，m²。

从上式看出：

① 在固定管路中输送液体时，管路所需要的压头 H_e 随被输送流体流量 Q 的平方而变（湍流状态）。该关系为管路特性曲线。

② 该线的形状取决于系数 K 和 B，也就是说，取决于操作条件和管路的几何条件，与泵的性能无关。

3. 管路特性曲线的测定及工作点的调节

离心泵总是安装在一定的管路上工作，泵所提供的压头与流量必然与管路所需的压头和流量一致。若将泵特性曲线与管路特性曲线绘在同一个坐标图上，则两曲线交点即为泵在该管路的工作点。当生产任务发生变化，或已选好的泵在特定管路中运转所提供的流量不符合要求时，都需要对泵的工作点进行调节。实际上，改变两种特性曲线之一均可达到调节目的。

所以，离心泵流量的调节应从两方面考虑：一是在排出管线上装适当的调节阀，以改变管路特性曲线；二是改变离心泵的转速，以改变泵的特性曲线，两者均可改变泵的工作点。该过程也是离心泵的流量调节及工作点的移动过程。

具体测定时，应固定阀门某一开度不变（此时管路特性曲线一定），改变泵的转速，测出各转速下的流量，记下压力表、真空表及功率表的读数，算出泵的扬程 H_e，即为管路所需的压头，从而作出管路特性曲线。

【实验装置、流程与主要设备尺寸】

1. 实验装置及流程

离心泵将水从水槽中吸出,然后由压出管排至水槽,循环使用。在泵的吸入口和排出口处,分别装有真空表和压强表,以测取进、出口压强。出口管线上装有涡轮流量计,与变频仪配合,直接测取流量;压强表上装有泵的出口阀用来调节水的流量,同时与功率表连接,测取电机的功率。实验装置流程如图 3-3 所示。

离心泵特性曲线测定实验装置

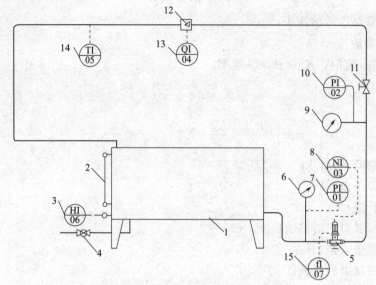

图 3-3　离心泵特性曲线测定实验装置流程
1—水箱;2—液面计;3—液位显示表;4—水箱放净阀;5—离心泵;
6—真空表;7—真空显示表;8—功率显示表;9—压力表;10—压力显示表;
11—流量调节阀;12—涡轮流量计;13—流量显示表;14—温度显示表;15—变频仪

2. 主要设备及尺寸

① 离心泵:IHG25-125/2,额定流量 $Q=4.5m^3/h$、扬程 $H_e=20m$、电机功率 $N_电=0.75kW$、电机效率 $\eta=36\%$、电机轴功率 $N_轴=0.65kW$、转速 $n=2900r/min$、汽蚀余量 $m=2.5m$。

② 离心泵进出口管线为 $\phi 48mm \times 3.5mm$(进口管线与出口管线直径相等)。

③ 循环水箱:$600mm \times 500mm \times 400mm$。

④ 压力表:$0\sim 0.25MPa$。

⑤ 真空表:$0\sim 0.15MPa$。

⑥ 涡轮流量变送器:LWF-JB 型。

⑦ 变频仪:MICROMASTER420,调频范围 $0\sim 50Hz$。

【实验操作要点】

本实验通过调节阀门改变流量,测得不同流量下离心泵的各种性能参数。

① 了解设备,熟悉流程及所有仪器仪表。

② 检查电机和离心泵是否正常运转。打开电机电源开关,观察电机和离心泵的运转情

况，如发现不正常应立即停车，若无异常，就可切断电源，备用。

③ 上述工作准备好后，经教师同意方可进行数据的测定。

④ 实验时，先关闭泵调节阀，打开电源开关启动泵，慢慢启动调节阀，排除管路中气体，再闭阀，观察压力表读数是否稳定正常。

⑤ 为了防止因水面波动而引起的误差，测量时液位计的高度差不得小于200mm。

⑥ 用泵的出口阀调节流量，从 0 至最大范围，取 10 组以上数据，注意改变量的合理性，并验证 2~4 组数据。若所测数据基本吻合后，可以停泵，并关闭泵的出口阀，同时记录下设备的相关数据（如离心泵型号、额定流量、扬程和功率等）。

⑦ 测定管路特性曲线时，固定阀门开度，用变频仪来改变电机频率，测取 8~10 组数据，并记录。

【实验注意事项】

① 启动泵前应关闭泵的出口阀（泵的调节阀）。

② 在最大流量范围内合理地分割流量进行实验布点，由泵的调节阀调节流量的大小。

③ 在每次流量调节稳定后，读取各参数的数据，特别是流量为零时的点必读。

【实验数据处理要求】

① 计算整理数据后，在普通坐标纸上画出泵的特性曲线，标出适宜操作区。

② 在可能的情况下，找出曲线的数学经验式。

③ 绘出管路特性曲线。

④ 对实验进行必要的误差分析，评价数据与结果，并分析其原因。

⑤ 原始记录表如表 3-7 所示，在数据处理过程中还应做好中间运算表和结果表。

表 3-7　离心泵特性曲线测定实验原始记录表

实验班级：_____　实验者姓名：_____　实验装置号：_____

指导教师签字：_____　实验日期：_____

序号	变频器频率 /Hz	管路压降 /kPa	涡轮流量 /(m³/h)	水温 /℃	泵出口压强 /mH$_2$O	泵入口压强 /mH$_2$O	功率 /W
1							
2							
⋮							
10							

【实验思考题】

① 为什么要测定泵的特性曲线？有何意义？

② 泵的特性曲线有几条？都是什么？

③ 实验中需测取哪些数据？各用什么仪表测取？

④ 功率表测得的数据与泵的轴功率有何关系？与泵的输出功率有何关系？

⑤ 泵在开车前应做哪些工作？为什么？

⑥ 开车后可能出现什么问题？如何处理？
⑦ 什么是泵的扬程？如何计算？
⑧ 泵的扬程（压头）和流量有什么关系？与理论（压头）上两者关系有何不同？怎样造成的？
⑨ 为什么泵的流量越大，真空表的读数越大？
⑩ 流量为零，真空表读数是否为零？为什么？
⑪ 流量为零，泵的压头是否为零？为什么？
⑫ 总效率和流量是什么关系？
⑬ 什么是泵的输出功率？其大小由何决定？
⑭ 为什么要确定泵的高效区？
⑮ 泵的转速与流量有什么关系？当泵的电机型号确定以后，流量改变时转速是否也有改变？
⑯ 记录数据时，为什么要记流量为零的一组数据？
⑰ 绘制泵的特性曲线时，为什么要标上泵的型号和转速？
⑱ 试分析气缚与汽蚀现象的区别。
⑲ 根据离心泵工作原理，试分析离心泵在启动前为什么要灌泵？为什么要关闭调节阀？

3.4 恒压过滤常数测定实验

【实验任务与目的】

① 了解板框过滤机的结构、流程及操作方法。
② 测取不同过滤压力下恒压过滤常数 K、单位过滤面积当量滤液量 q_e 和当量过滤时间 τ_e。
③ 测取滤饼的压缩性指数 s 和物料常数 k。
④ 测定 $\frac{\Delta\tau}{\Delta q}$-$\bar{q}$ 关系，并绘制不同压力下的 $\frac{\Delta\tau}{\Delta q}$-$\bar{q}$ 关系曲线。
⑤ 测定 K 与 Δp 关系，并在双对数坐标下绘制不同压力下的 $\lg K$-$\lg\Delta p$ 关系曲线。

【实验基本原理】

过滤是利用能让液体通过而截留固体颗粒的多孔介质（滤布和滤渣），使悬浮液中的固体、液体得到分离的单元操作。过滤操作本质上是流体通过固体颗粒床层的流动。所不同的是，该固体颗粒床层的厚度随着过滤过程的进行不断增加。过滤操作分为恒压过滤和恒速过滤。当恒压操作时，过滤介质两侧的压差维持不变，单位时间通过过滤介质的滤液量不断下降；当恒速操作时，即保持过滤速率不变。

过滤速率基本方程的一般形式为

$$\frac{dV}{d\tau} = \frac{A^2 \Delta p^{1-s}}{\mu \phi r_0 (V + V_e)} \tag{3-21}$$

式中　V——τ 时间内的滤液量，m³；

V_e——过滤介质的当量滤液体积，即形成相当于滤布阻力的一层滤渣所得的滤液体积，m^3；

A——过滤面积，m^2；

Δp——滤饼层两侧压差，Pa；

μ——滤液黏度，Pa·s；

ϕ——滤饼体积与相应悬浮液体积之比，无量纲；

r_0——单位压差下滤饼的比阻，m^{-2}；

s——滤饼的压缩指数，无量纲。一般情况下，$s=0\sim1$；对于不可压缩滤饼，$s=0$。

在恒压过滤时，对式（3-21）积分可得

$$(q+q_e)^2 = K(\tau+\tau_e) \tag{3-22}$$

式中 q——单位过滤面积获得的滤液体积，m^3/m^2；

q_e——单位过滤面积的当量滤液体积，m^3/m^2；

τ——实际过滤时间，s；

τ_e——当量过滤时间，s；

K——过滤常数，m^2/s。

将式（3-22）微分得

$$\frac{d\tau}{dq} = \frac{2}{K}q + \frac{2}{K}q_e \tag{3-23}$$

此方程为直线方程，于普通坐标系上标绘 $\frac{d\tau}{dq}$ 对 q 的关系，所得直线斜率为 $\frac{2}{K}$，截距为 $\frac{2}{K}q_e$，从而求出 K、q_e。

τ_e 由下式得

$$q_e^2 = K\tau_e \tag{3-24}$$

当各数据点的时间间隔不大时，$\frac{d\tau}{dq}$ 可以用增量之比来代替，即用 $\frac{\Delta\tau}{\Delta q}$ 与 q 作图。

令过滤常数的定义式为

$$K = 2k\Delta p^{1-s} \tag{3-25}$$

两边取对数得

$$\lg K = (1-s)\lg(\Delta p) + \lg(2k) \tag{3-26}$$

因 s 为常数，$k=\frac{1}{\mu r_0 \phi}$ = 常数，故 K 与 Δp 的关系在双对数坐标上标绘的是一条直线。直线的斜率为 $1-s$，由此可计算出压缩性指数 s，读取 K-Δp 直线上任一点处的 K、Δp 数据一起代入式（3-25），计算物料特性常数 k。

【实验装置、流程与主要设备尺寸】

1. 实验装置及流程

实验装置为由规格为 160mm×180mm×11mm 的过滤板、工业用滤布和过滤框组成的过滤面积为 0.0475m^2 的小型工业用板框过滤机。板框过滤机旁设有滤浆槽。将滤浆槽的滤浆，通过搅拌器搅拌，搅拌器型号为 KDZ-1，功率为 160W，转速为 3200r/min，滤浆由旋涡泵通过调节阀调节流量供给，经机前压力表打入板框过滤机，滤液由计量桶计量，计量桶长 327mm、宽 286mm。实验装置流程如图 3-4 所示。

恒压过滤
实验装置

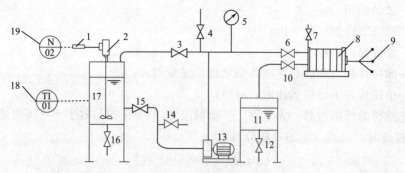

图 3-4 过滤实验装置流程

1—搅拌器调速按钮；2—搅拌器；3，6，10，15—阀门；4，14—放空阀；5—压力表；
7—压力表接口或放空阀；8—板框过滤机；9—压紧装置；11—滤液计量桶；
12，16—滤液放净阀；13—漩涡泵；17—滤浆桶；18—温度显示表；19—调速显示表

如图 3-4 所示，滤浆桶内配有一定浓度的轻质碳酸钙悬浮液（浓度在 2%～4% 左右），用电动搅拌器进行均匀搅拌（浆液不出现漩涡为好）。启动漩涡泵，调节阀门 3 使压力表 5 指示在规定值。滤液在计量桶内计量。过滤、洗涤管路如图 3-5 所示。

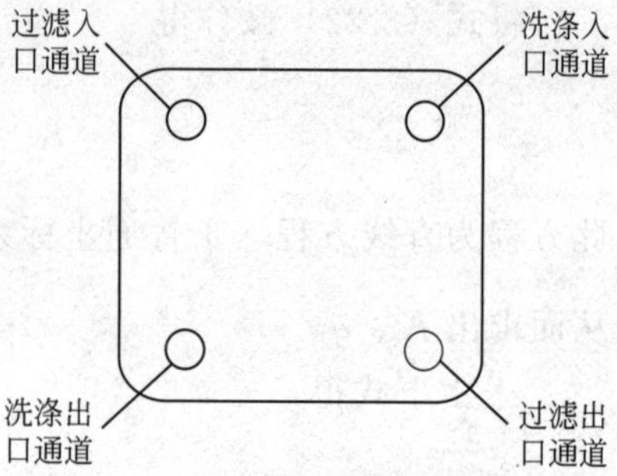

2. 主要设备及尺寸

① 板框过滤机：过滤板规格为 160mm×180mm×11mm，过滤面积为 $0.0475m^2$。

② 搅拌器：型号为 KDZ-1，功率为 160W，转速为 3200r/min。

③ 计量桶：长 327mm、宽 286mm。

④ 漩涡泵。

图 3-5 板框过滤机固定头管路分布

【实验操作要点】

① 系统接上电源，打开搅拌器电源开关，启动电动搅拌器 2。将滤浆桶 17 内的浆液搅拌均匀。

② 板框过滤机的板框排列顺序为固定头—非洗涤板—框—洗涤板—框—非洗涤板—可动头。用压紧装置压紧后待用。

③ 使调节阀 3 和 15 处于全开，阀 6、10、12 处于全关状态。启动漩涡泵 13，逐渐关小调节阀门 3 使压力表 5 达到规定值。

④ 待压力表 5 稳定后，打开过滤入口阀 6 及出口阀 10，开始过滤。当计量桶 11 内出现第一滴液体时按表计时。记录滤液高度每增加 10mm 时所用的时间。当计量桶读数为 160mm 时停止计时，并立即关闭入口阀 6。

⑤ 全开阀门 3，使压力表 5 指示值下降。开启压紧装置卸下过滤框内的滤饼并放回滤浆槽内，将滤布清洗干净。放出计量桶内的滤液并倒回槽内，以保证滤浆浓度恒定。

⑥ 改变压力，从步骤②开始重复上述实验。

⑦ 每组实验结束后，应用洗水管路对滤饼进行洗涤，测定洗涤时间和洗水量。

⑧ 实验结束后，关闭阀门 3，阀门 14 接上自来水、阀门 4 接通下水，对泵及滤浆进、出口管进行冲洗。

【实验注意事项】

① 过滤板与框之间的密封垫应注意放正，过滤板与框的滤液进出、口对齐。用摇柄把过滤设备压紧，以免漏液。

② 计量桶的流液管口应贴桶壁，否则液面波动影响读数。

③ 冲洗泵及滤浆进、出口管时，务必关闭阀门 3，防止自来水灌入储槽中。

④ 电动搅拌器为无级调速。使用时首先接上系统电源，打开调速器开关，调速钮一定由小到大缓慢调节，切勿反方向调节或调节过快损坏电机。

⑤ 启动搅拌前，用手旋转一下搅拌轴，以保证顺利启动搅拌器。

【实验数据处理要求】

① 绘制不同压力下的 $\dfrac{\Delta \tau}{\Delta q}$-$q$ 关系曲线。

② 计算不同过滤压力（0.05～0.2MPa）下的恒压过滤常数 K、单位过滤面积当量过滤量 q_e、当量过滤时间 τ_e，列出完整的过滤方程式。

③ 绘制 $\lg K$-$\lg \Delta p$ 关系曲线。

④ 计算滤饼的压缩性指数 s 和物料常数 k。

⑤ 原始记录表如表 3-8 所示，在数据处理过程中还应做好中间运算表（表 3-9）和结果表（表 3-10）。

表 3-8　过滤实验原始记录表

实验班级：_____　　实验者姓名：_____　实验装置号：_____
指导教师签字：_____　　实验日期：_____
计量槽长=_____mm，宽=_____mm

序号	压力表读数/MPa	滤液高度/mm	时间 τ/s	序号	压力表读数/MPa	滤液高度/mm	时间 τ/s
1							
2							
⋮				⋮			

表 3-9　中间运算表

实验班级：_____　　实验者姓名：_____　实验装置号：_____
指导教师签字：_____　　实验日期：_____

序号	过滤压力 Δp_1，即压力表读数/MPa							过滤压力 Δp_2，即压力表读数/MPa						
	高度/mm	V/m³	ΔV/m³	Δq/(m³/m²)	$\bar{q}$/(m³/m²)	τ/s	$\Delta \tau$/s	$\dfrac{\Delta \tau}{\Delta q}$/(s/m)	高度/mm	V/m³	ΔV/m³	Δq/(m³/m²)	$\bar{q}$/(m³/m²)	τ/s	$\Delta \tau$/s	$\dfrac{\Delta \tau}{\Delta q}$/(s/m)
1														
2														
⋮														

表 3-10　实验结果表

实验班级：＿＿＿＿＿＿　实验者姓名：＿＿＿＿＿＿实验装置号：＿＿＿＿＿＿
指导教师签字：＿＿＿＿＿＿　实验日期：＿＿＿＿＿＿

直线序号	压差 Δp/Pa	斜率 $\dfrac{1}{K}$	截距 $\dfrac{2}{K}q_e$	K/m²·s	q_e/(m³/m²)	τ_e/s	$\lg K$	$\lg \Delta p$
1								
2								
⋮								
压缩性指数 $s=$			由 $K = 2k\Delta p^{1-s}$,物性常数得 $k=$					

【实验思考题】

① 为什么过滤开始时，滤液常有一点混浊，过一段时间才澄清？
② 实验数据中第一点有无偏低或偏高现象？怎样解释？如何对待第一点数据？
③ Δq 取大些好还是取小些好？同一实验，Δq 不同，所得出的 K、q_e 会不会不同？作直线求 K 和 q_e 时，直线为什么要通过矩形顶边的中点？
④ 滤浆浓度和过滤压强对 K 有何影响？
⑤ 过滤压强增加 1 倍后，得到同样滤液量所需的时间是否也减少一半？
⑥ 影响过滤速率的因素有哪些？

3.5　板框过滤实验

【实验任务与目的】

① 熟悉板框过滤机的结构和操作方法。
② 测定在恒压过滤操作时的过滤常数。
③ 掌握过滤问题的简化工程处理方法。

【实验基本原理】

过滤是利用多孔介质（滤布和滤渣），使悬浮液中的固、液得到分离的单元操作。过滤操作本质上是流体通过固体颗粒床层的流动，所不同的是，该固体颗粒床层的厚度随着过滤过程的进行不断增加。过滤操作可分为恒压过滤和恒速过滤。当恒压操作时，过滤介质两侧的压差维持不变，则单位时间通过过滤介质的滤液量会不断下降；若恒速操作，则应保持过滤速率不变。

过滤速率基本方程的一般形式为

$$\dfrac{\mathrm{d}V}{\mathrm{d}\tau} = \dfrac{A^2 \Delta p^{1-s}}{\mu r' v(V+V_e)} \tag{3-27}$$

式中　V——τ 时间内的滤液量，m³；
　　　V_e——过滤介质的当量滤液体积，它是形成相当于滤布阻力的一层滤渣所得的滤液体积，m³；
　　　A——过滤面积，m²；

Δp——过滤的压力降，Pa；

μ——滤液黏度，Pa·s；

v——滤饼体积与相应滤液体积之比，量纲为1；

r'——单位压差下滤饼的比阻，$1/m^2$；

s——滤饼的压缩指数，无量纲，一般情况下，$s=0\sim1$；对于不可压缩的滤饼，$s=0$。

恒压过滤时，对上式积分可得

$$(q+q_e)^2 = K(\tau+\tau_e) \tag{3-28}$$

式中 q——单位过滤面积的滤液量，$q=V/A$，m^3/m^2；

q_e——单位过滤面积的虚拟滤液量，m^3/m^2；

K——过滤常数，即 $K=\dfrac{2\Delta p^{1-s}}{\mu r' v}$，$m^2/s$。

对上式微分可得

$$\frac{d\tau}{dq} = \frac{2}{K}q + \frac{2q_e}{K} \tag{3-29}$$

该式表明 $d\tau/dq$-q 为直线，其斜率为 $2/K$，截距为 $2q_e/K$，为便于测定数据计算速率常数，可用 $\Delta\tau/\Delta q$ 替代 $d\tau/dq$，则上式可写成

$$\frac{\Delta\tau}{\Delta q} = \frac{2}{K}q + \frac{2q_e}{K} \tag{3-30}$$

将 $\Delta\tau/\Delta q$ 对 q 标绘（q 取各时间间隔内的平均值），在正常情况下，各交点均应在同一直线上，如图 3-6 所示。直线的斜率为 $2/K=a/b$，截距为 $2q_e/K=c$，由此可求出 K 和 q_e。

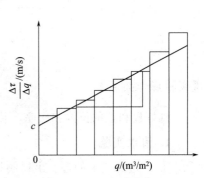

图 3-6 $\Delta\tau/\Delta q$-q 关系

【实验装置及流程】

实验装置流程如图 3-7 所示，分别可进行过滤、洗涤和吹干三项操作。

板框过滤实验装置

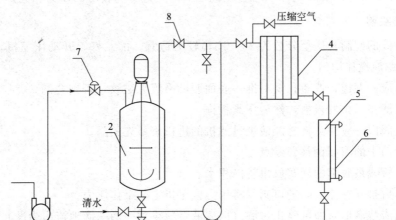

图 3-7 板框过滤实验装置流程

1—压缩机；2—配料釜；3—供料泵；4—圆形板框过滤机；5—滤液计量筒；
6—液面计及压力传感器；7—压力控制阀；8—旁路阀

碳酸钙悬浮液在配料釜内配置，搅拌均匀后，用供料泵送至板框过滤机进行过滤，滤液流入计量筒，碳酸钙则在滤布上形成滤饼。为调节不同操作压力，管路上还装有旁路阀。

板框过滤机的板框结构如图 3-8 所示，滤板厚度为 12mm，每个滤板的面积（双面）为 $0.0216m^2$。本实验引入了计算机在线数据采集和控制技术，加快了数据的记录和处理速率。

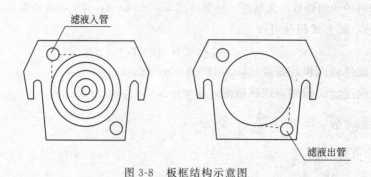

图 3-8　板框结构示意图

【实验操作要点】

排好板和框的位置和次序，装好滤布，不同的板和框用橡胶垫隔开，然后压紧板框。

1. 清水实验

① 将过滤机上的进、出口阀按需要打开或关闭，进行清水实验（观察是否漏，哪些地方漏，漏的地方是否影响实验结果），并以清水练习计量及调节压力的操作。

② 清水实验时，因过滤介质的阻力不变，属恒压恒速过程。

③ 用清水实验的数据作图，可得一条平行于横轴的直线，由此可准确地求出过滤方程微分式的截距，从而求出 q_e。

需要指出，滤布的洗净程度对截距值影响很大，因此，滤布必须用洁净的清水充分洗净，并要铺平，孔要对正。清水实验选用的压力应与过滤物料时的压力相同。

2. 过滤实验

① 悬浮液的配制：质量分数为 3%～5% 较为适宜，配制好，开动压缩机，将其送入储浆罐中，使滤液搅拌均匀。

② 滤布应先湿透，滤布孔要对准，表面服贴平展无皱纹，否则会漏。

③ 装好滤布，排好板框，然后压紧板框。

④ 检查阀门，应注意将悬浮液进过滤机的进口旋塞先关闭。

⑤ 计量筒中的液面调整到零点。

⑥ 打开管线最底部的旋塞放出管内积水。

⑦ 启动后打开悬浮液的进口阀，将压力调至指定的工作压力。

⑧ 待滤渣装满框时即可停止过滤（以滤液量减少到一滴一滴地流出为准）。

3. 测定洗涤速率

若需测定洗涤速率和过滤最终速率的关系，则可通入洗涤水（记住要将旁路阀关闭），并记录洗涤水量和时间；若需吹干滤饼，则通入压缩空气。实验结束后，停止空气压缩机，关闭供料泵，拆开过滤机，取出滤饼，并将滤布洗净。如长期停机，则可在配料釜搅拌及供料泵启动情况下,打开放净阀,将剩余浆料排除,并通入部分清水,清洗釜、供料泵及管道。

【实验数据处理要求】

① 绘出 $\Delta\tau/\Delta q$-q 图,列出 K、q_e、τ_e 的值。
② 得出完整的过滤方程式。
③ 列出过滤末速率与洗涤速率的比值。
④ 原始记录表如表 3-11 所示,在数据处理过程中还应做好中间运算表和结果表。

表 3-11 板框过滤实验原始记录表

实验班级:_____ 实验者姓名:_____ 实验装置号:_____
指导教师签字:_____ 实验日期:_____
板框过滤实验条件:$d=0.1\mathrm{m}$,$n=2$,$CaCO_3$ 质量分数为 0.02。

序号	板框滤压 /kPa	搅拌釜压 /kPa	料液温度 /℃	时间间隔 $\Delta\tau$/s	滤液量差 Δm/g	过滤时间 τ/s	过滤液量 $\bar{q}$/(m³/m²)	τ/q /(s/m)
1								
2								
…								
11								

【实验思考题】

① 为什么过滤开始时,滤液常常有一点混浊,过一段时间才澄清?
② 实验数据中第一点有无偏低或偏高现象?怎样解释?如何对待第一点数据?
③ Δq 取大些好还是取小些好?同一次实验,Δq 值不同,所得出的 K 值、q_e 值会不会不同?作直线求 K 及 q_e 时,直线为什么要通过矩形顶边的中点?
④ 滤浆浓度和过滤压强对 K 值有何影响?
⑤ 过滤压强增加一倍后,得到同一滤液量所需的时间是否也减少一半?
⑥ 影响过滤速率的因素有哪些?
⑦ 若要实现计算机在线测控,应如何选用测试传感器及仪表?

3.6 包裸管热损失实验

【实验任务与目的】

① 测定裸管外壁与空气自然对流传热系数。
② 测定保温层绝热效率及保温介质的热导率(导热系数)。
③ 掌握热电偶的测温方法。

【实验基本原理】

1. 自然对流传热系数

当蒸汽管外壁温度高于周围空间温度时,管外壁将以对流和辐射两种方式向周围的空间

传递热量。在周围空间无强制对流的情况下，当传热过程达到定常态时，管外壁的对流传热速率 Q_T 为

$$Q_T = \alpha_T A_w (T_w - T_a) \tag{3-31}$$

式中　α_T——管外壁向周围无限空间自然对流时的给热系数，$W/(m^2 \cdot K)$。
　　　A_w——裸管外壁传热面积，m^2；
　　　T_w——裸管外壁温度，℃；
　　　T_a——空气温度，℃。

管外壁以辐射方式给出热量的速率 Q_R 为

$$Q_R = C\phi A_w \left[\left(\frac{T_w}{100}\right)^4 - \left(\frac{T_a}{100}\right)^4\right] \tag{3-32}$$

式中　C——总辐射系数；
　　　ϕ——角系数。

若将式（3-32）变成与式（3-31）雷同的形式，则式（3-32）可改写为

$$Q_R = \alpha_R A_w (T_w - T_a) \tag{3-33}$$

联立式（3-32）和式（3-33）可得

$$\alpha_R = \frac{C\phi \left[\left(\frac{T_w}{100}\right)^4 - \left(\frac{T_a}{100}\right)^4\right]}{T_w - T_a} \tag{3-34}$$

式中　α_R——管外壁向周围无限空间辐射的给热系数，$W/(m^2 \cdot K)$。

因此，管外壁向周围空间因自然对流和辐射两种方式传递的总给热速率 Q 为

$$Q = Q_T + Q_R \tag{3-35}$$

$$Q = (\alpha_T + \alpha_R) A_w (T_w - T_a) \tag{3-36}$$

令 $\alpha = \alpha_T + \alpha_R$，则管向周围无限空间散热时的总给热速率方程可简化表达为

$$Q = \alpha A_w (T_w - T_a) \tag{3-37}$$

式中　α——管外壁与空气自然对流传热（或给热）系数，$W/(m^2 \cdot K)$，它表征在定常态给热的过程中，当推动力 $T_w - T_a = 1K$ 时，单位壁表面积上给热速率的大小，α 值可通过式（3-37）直接由实验测定。

由自然对流给热实验数据整理得出的各种无量纲特征数关联式，文献中已有不少记载。常用的无量纲特征数关联式为

$$Nu = c(Pr \cdot Gr)^n \tag{3-38}$$

式中　Nu——努塞尔数，$Nu = \frac{\alpha d}{\lambda}$；
　　　Pr——普朗特数，$Pr = \frac{C_p \mu}{\lambda}$；
　　　Gr——格拉晓夫数，$Gr = \frac{d^3 \rho^2 \beta g (T_w - T_a)}{\mu^2}$。

该式采用 $\bar{t} = \frac{T_w - T_a}{2}$ 为定性温度，管外径 d 为特征尺寸。

上式各无量纲特征数中 λ、ρ、μ、C_p 和 β 分别为定性温度下的空气热导率、密度、黏度、定压比热容和体积膨胀系数。

对竖直圆管，式（3-38）中的 c 和 n 值：

当 $Pr \cdot Gr = 1 \times 10^{-3} \sim 5 \times 10^2$ 时，$c = 1.18$，$n = 0.125$；

当 $Pr \cdot Gr = 5 \times 10^2 \sim 2 \times 10^7$ 时，$c = 0.54$，$n = 0.25$；

当 $Pr \cdot Gr = 2 \times 10^7 \sim 1 \times 10^{13}$ 时，$c = 0.135$，$n = 0.333$。

2. 保温层的绝热效率与保温层的热导率

为了减少热损失，通常在管外包以保温物质，保温后热损失 Q' 为

$$Q' = \alpha'_T A_w (T'_w - T_a) \tag{3-39}$$

根据导热基本定律得：在定常状态下，单位时间内通过该绝热材料层的热量，即加固体材料保温后蒸汽管的热损失速率 Q' 为

$$Q' = \frac{\lambda}{b} A_m (T_1 - T'_w) \tag{3-40}$$

保温效果好坏常用绝热效率来衡量，即

$$\eta = \left(\frac{Q}{L} - \frac{Q'}{L'}\right) \bigg/ \left(\frac{Q}{L}\right), \text{ 其中 } \eta < 1 \tag{3-41}$$

η 值越大，保温效果越好，又因为

$$Q = Gr \tag{3-42}$$

$$Q' = G'r \tag{3-43}$$

式中　A_w——裸管外壁传热面积，m^2；

　　　T_a——空气温度，℃；

　　　Q——裸管损失于空气中的热量，W；

　　　Q'——包管损失于空气中的热量，W；

　　　λ——包管保温介质热导率，W/(m·K)；

　　　b——包管保温层厚度，m；

　　　T_1——包管内金属管外壁温度，℃；

　　　T'_w——包管外壁的温度，℃；

　　　A_m——保温层平均面积，m^2；

　　　A'_w——包管外壁面积，m^2；

　　　G——裸管冷凝水量，kg/h；

　　　G'——包管冷凝水量，kg/h；

　　　r——蒸汽的冷凝热，kJ/kg；

　　　L'，L——包管、裸管的长度，m。

如实验中测得 G、G'、T_w、T_1 及有关尺寸，即可得到 α、λ、η 的值。

【实验装置、流程与主要设备尺寸】

1. 实验装置及流程

本实验装置主要由蒸汽发生器、测试管、测量控制仪表及元件、计算机控制四部分组成，如图 3-9 所示。

蒸汽发生器为一电热锅炉，蒸汽压力和温度由计算机控制。

在锅炉中产生的蒸汽分别通入两根垂直安装的测试管。两根测试管依次为裸蒸汽管和固体材料保温管。测试管内的蒸汽冷凝后，冷凝液流入测试管

包裸管热损失
实验装置

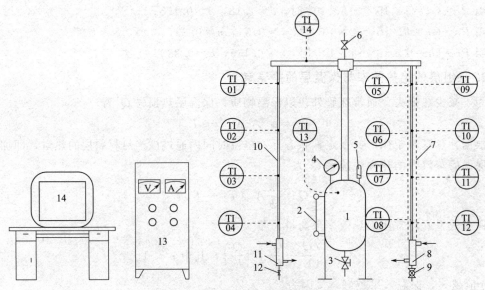

图 3-9 包裸管热损失实验装置流程

1—蒸汽发生器；2—液面计；3—进（放）水阀；4—压力表；5—安全阀；6—放空阀；
7—保温管；8—冷凝液冷却器；9—保温管冷凝液收集阀；10—不锈钢裸管；
11—裸管冷却器；12—裸管冷凝液收集阀；13—控制柜；14—计算机；$\frac{TI}{01}$～$\frac{TI}{14}$—测温显示表

下部冷凝器的收集管内，少量的蒸汽和不凝性气体由放空阀排除。

在规定的时间内，将冷凝液用收集管收集后再用锥形瓶取出，用天平称重。

2. 主要设备及尺寸

① 裸管：尺寸为 $\phi 22mm \times 2mm$ 的不锈钢管，$L=1.2m$。

② 包管：固体材料内的金属管为 $\phi 22mm \times 2mm$ 的不锈钢管，$L=1.2m$。

③ 固体保温材料：泡沫塑料，规格为 $\phi 57mm \times 22mm$，$L=1.2m$。

【实验操作要点】

① 熟悉设备流程，检查各阀门的开关情况，同时排净裸管和包管中的冷凝液。

② 实验前，向蒸汽发生器中注入适量的水，加入量约为发生器液面计的 50%～60%。

③ 接上电源，打开计算机，打开顶端放空旋塞，点击控制软件，启动控制箱绿色按钮，用鼠标将设定温度调整到 102℃，待顶端放空旋塞有蒸汽排出后，视产生蒸汽量大小可对设定温度做适当增减调整。

④ 待蒸汽压和各点温度维持不变，即达到稳定状态后，用手（需戴手套）打开冷凝液收集阀，放出水，同时排除系统管路内的空气，待裸管、包管均有蒸汽喷出（约 10s）后，闭上冷凝液收集阀，同时开始计时，记录时间 20～30min。

⑤ 在收集冷凝液的过程中读取其他各种参数，包括测量裸管、包管保温层内外径、两个锥形瓶空重（含胶塞）、各点温度等数据。

⑥ 冷凝液的移取是操作的关键步骤。当收集量足够时，将锥形瓶口对准冷凝液收集阀后，再打开阀门，使冷凝液成水流状流入瓶内，直到有蒸汽喷出时停止排放，同时记下冷凝、收集过程总时间（凝液时间）。

⑦ 用电子天平称出包管和裸管中冷凝液的质量。

⑧ 实验结束后必须经过教师查看记录，复制计算机中所有的数据，然后关闭电源，整理好各种用品。

【实验注意事项】

① 本实验用电和蒸汽，在实验过程中一定要注意安全，操作时必须按合理的步骤去做，防止触电和烫伤。

② 使用计时表和天平等测量用具时一定要事先熟悉其性能，以防损坏。

③ 收集冷凝液时应轻拿轻放，如用胶塞封瓶口时，要防止因温度下降，造成瓶内负压吸住胶塞，使之无法打开。

④ 在实验过程中，应特别注意保持状态稳定。尽量避免测试周围空气的扰动。例如，随意开窗、开门和人员走动都会对实验数据的稳定性产生影响。

⑤ 实验过程中，应随时监视蒸汽发生器的液位计，以防液位过低而烧坏加热器。

⑥ 实验过程中，还应随时监视蒸汽发生器上方的压力表读数，如压力表指针明显离开零点，应适当减小设定温度，避免蒸汽发生器内压力过高。

⑦ 实验结束时，应将全部放空阀打开，然后停止加热。

【实验数据处理要求】

① 计算裸管管外与空气自然对流传热系数的实验值。

② 利用经验公式计算空气对流传热系数并与实验值对比。

③ 计算绝热效率。

④ 原始记录表如表3-12～表3-14所示，在数据处理过程中还应做好运算结果表（表3-15）。

表3-12　包裸管热损失实验温度原始记录表

实验班级：_____　　实验者姓名：_____　　实验装置号：_____
指导教师签字：_____　　实验日期：_____

温度点 次数	1	2	3	4	5	6	7	8	9	10	11	12	13	14
第1次														
第2次														

表3-13　包裸管热损失实验冷凝液原始记录表

实验班级：_____　　实验者姓名：_____　　实验装置号：_____
指导教师签字：_____　　实验日期：_____

次数	收集量	凝液时间/min	盛液瓶重/g	总重/g	冷凝水质量/g	相当热量/(kJ/h)
第1次	保温管					
	裸管					
第2次	保温管					
	裸管					

表 3-14　包裸管热损失实验尺寸原始记录表

实验班级：_____　　实验者姓名：_____　　实验装置号：_____
指导教师签字：_____　　实验日期：_____

名称	外径/mm	内径/mm	长度/m	材料
裸管				
保温层				

表 3-15　包裸管热损失实验结果表

实验班级：_____　　实验者姓名：_____　　实验装置号：_____
指导教师签字：_____　　实验日期：_____

名称	α(实验值)/[W/(m²·K)]	α(经验值)/[W/(m²·K)]	λ(实验值)/[W/(m·K)]	η
保温管				
裸管				

【实验思考题】

① 本实验应做哪些准备工作？
② 如何收集冷凝液？应注意什么问题？
③ 本实验都使用哪些测量仪表？测取哪些数据？
④ 保温管传热和裸管传热有何区别？并表示出各自的传热速率、阻力和推动力？
⑤ 散热表面与空气自然对流传热系数的物理意义是什么？都与哪些因素有关？
⑥ 如何测出保温层的热导率？保温设备对保温材料有何要求？
⑦ 什么是绝热效率？测定绝热效率有何意义？
⑧ 不排出不凝性气体对实验有何影响？
⑨ 绝热效率能否出现负值？试说明道理？
⑩ 由于室内空气扰动的影响，裸管自然对流传热系数的实测值比理论值高还是低？

【创新型实验设计】

结合现有实验装置，自行设计采用不同保温材料进行管道保温，测试保温材料的热导率；亦可对新型保温材料进行热导率数据的测定。

3.7　空气对流传热系数的测定

【实验任务与目的】

① 测定空气在圆直管中强制对流时的对流传热系数。
② 通过实验掌握确定对流传热系数无量纲特征数关系式中的系数 C 和指数 p、n 的方法。
③ 通过实验提高对无量纲特征数的理解，并分析影响 α 的因素，了解工程上强化传热

的措施。

④ 了解热电偶和热电阻的使用和测温方法。

⑤ 掌握强制对流传热系数 $α$ 及传热系数 K 的测定方法。

【实验基本原理】

本实验装置为套管式换热器，空气走管内，饱和水蒸气走管间，饱和水蒸气与空气之间通过固体壁进行传热。在管间，先由饱和水蒸气通过对流传热的方式，将热量传递给内管的外壁，然后热量由内管外壁以导热方式传给管内壁，最后再由管内壁面把热量传递给空气。简而言之，热冷流体间的传热过程是由对流—导热—对流三个过程串联组合而成的。

一般情况下，饱和水蒸气的冷凝给热和导热过程的热阻都比较小，主要热阻集中在管内空气的一侧。当空气在圆管内进行强制湍流流动时，形成湍流边界层，在其中的层流底层内，热量传递主要依靠分子热运动方式进行。多数流体特别是空气的热导率较小，所以该层内具有很大的热阻，以致造成很大的温度梯度。在湍流主体内由于强烈湍动，热量传递以对流方式为主，热阻因而大为减小，温度分布趋于均一。因此，壁面与流体之间对流过程的热阻主要集中在层流底层。

若想测定管内壁面的温度是不可能的，因此，一般采用管截面上流体的平均混合温度建立虚拟等效膜模型。在实验条件下，一般取管内进出口温度的算数平均值。下面分三步简述本实验中传热系数 K、对流传热系数 $α$ 和流体无相变对流传热无量纲特征数关系式的测定方法。

1. 对流传热系数 K 的测定

根据传热基本方程式

$$Q = KA\Delta T_m \tag{3-44}$$

$$Q = q_m C_p (T_2 - T_1) \tag{3-45}$$

$$\Delta T_m = \frac{(T_{w2} - T_1) - (T_{w1} - T_2)}{\ln \dfrac{(T_{w2} - T_1)}{(T_{w1} - T_2)}} \tag{3-46}$$

式中　Q——传热量，W；

　　　A——传热面积，可取 $A_内$、$A_外$、A_m，m^2；

　ΔT_m——蒸汽与空气对数平均温度差值，℃；

　　q_m——空气质量流量，kg/s；

　　C_p——空气定压比热容，J/(kg·℃)；

T_1，T_2——空气进出口温度，℃；

T_{w1}，T_{w2}——蒸汽进出内管外壁温度，℃。

测取 Q、A 和温度差后便可得到 K 值。

2. 对流传热系数 $α$ 的测定

在蒸汽—空气换热系统中，若忽略金属管壁厚度与污垢热阻，则总传热系数与对流传热系数的关系为

$$\frac{1}{K} \approx \frac{1}{α_1} + \frac{1}{α_2} \tag{3-47}$$

分析可知蒸汽对流传热系数远大于空气对流的传热系数，即 $\alpha_1 \gg \alpha_2$，所以

$$K \approx \alpha_2$$

式中　α_1——蒸汽对流传热系数，W/（m²·℃）；

α_2——空气管内对流传热系数，W/（m²·℃）。

若从实验中通过热电偶测取内管的外壁温度，由于金属管热阻很小，可忽略其内外壁间的温差，于是 α_2 也可由牛顿冷却定律（对流传热速率方程）得出

$$\alpha_2 = \frac{Q}{A_2 \Delta T_m} \tag{3-48}$$

式中　A_2——圆管的内表面积，m²。

总之，在本实验条件下，饱和水蒸气的冷凝对流传热系数远大于管内的空气对流传热系数。因此，热交换过程传热总系数 K 接近于管内的对流传热系数。在这种情况下，为了避免测量管内壁温的困难，直接用测定传热总系数 K 值代替待测的管内对流传热系数 α_2 的值，误差不会太大。

3. 对流传热系数无量纲特征数关联式的实验确定

对流传热系数（传热膜系数或给热系数）受诸多因素的影响，如管径 d、空气的流速 u、空气的密度 ρ、空气的黏度 μ、空气定压比热容 C_p、空气的导热率 λ、圆管壁面的特征尺寸 L（若为圆管，则 $L=d$）等操作因素。通过量纲分析法可将诸多影响因素归纳为若干无量纲数群，并建立在一定应用范围内的关联式，如当空气在圆直管中强制对流传热时，对流传热系数的无量纲特征数关联式可写成如下形式

$$Nu = CRe^p Pr^n \tag{3-49}$$

式中　Nu——努塞尔数，描述对流传热系数的大小，$Nu = \dfrac{\alpha d}{\lambda}$；

Re——雷诺数，表征流体的流动状态，$Re = \dfrac{du\rho}{\mu}$；

Pr——普朗特数，表征流体物性的影响，$Pr = \dfrac{C_p \mu}{\lambda}$。

在本实验中，可用图解法和最小二乘法计算上述无量纲特征数关联式中的系数 C 和指数 p、n。用图解法对多变量方程进行关联时，要对不同变量 Re 和 Pr 分别回归。本实验可简化上式，即取 $n=0.4$ 流体（被加热）。这样，式（3-49）即变为单变量方程，在两边取对数，得到的直线方程为

$$\lg \frac{Nu}{Pr^{0.4}} = \lg C + p \lg Re \tag{3-50}$$

在双对数坐标中作图，求出直线斜率，即为方程的指数 p。在直线上任取一点函数值代入方程中，即可得到系数 C，即

$$C = \frac{Nu}{Pr^{0.4} Re^p} \tag{3-51}$$

用图解法，根据实验点确定直线位置有一定的人为性。而用最小二乘法回归，可以得到最佳的关联结果。用计算机辅助手段，对多变量方程进行一次回归，就能同时得到 C、p、n。

实验中改变空气的流量，可改变 Re 值。根据定性温度（空气进、出口温度的算术平均值）计算对应的 Pr 值。同时，由牛顿冷却定律求出不同流速下的对流传热系数值，进而求

得 Nu 值。

4. 温度与流量的测定

进出口温度采用热电阻和热电偶通过温度仪表直接读取。

空气流量采用孔板流量计测得,其公式为

$$q_V = 26.2 \Delta p^{0.54} \tag{3-52}$$

或

$$q_m = q_V \rho$$

式中 Δp——孔板流量计压降,kPa;

q_V——空气流量,m^3/h。

【实验装置、流程与主要设备尺寸】

1. 实验装置及流程

本实验装置流程如图 3-10 所示,冷空气由风机输送,经孔板流量计计量后,进入换热器管内(铜管),并与套管环隙中的水蒸气换热。空气被加热后,排入大气。空气的流量由空气流量调节阀调节。蒸汽由蒸汽发生器上升进入套管环隙,与管内冷空气换热后冷凝,再由回流管返回蒸汽发生器中。放气阀门用于排出不凝性气体。在铜管之前设有一定长度的稳定段,用于消除端效应。铜管两端用塑料管与管路相连接,用于消除热效应。

空气对流传热系数测定实验装置

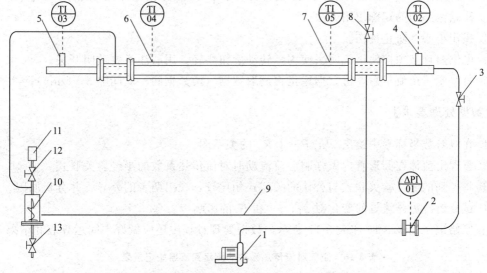

图 3-10 空气对流传热系数的测定实验装置流程

1—风机;2—孔板流量计;3—空气流量调节阀;4—空气入口测温点和温度显示表;
5—空气出口测温点和温度显示表;6—水蒸气入口壁温和温度显示表;7—水蒸气出口壁温和温度显示表;
8—不凝气体放空阀;9—冷凝水回流管;10—蒸汽发生器;11—补水漏斗;12—补水阀;13—排气阀

2. 主要设备及尺寸

① 内管直径 $d = 0.020\text{m}$,管长 $L = 1.25\text{m}$。

② 风机为 XGB 型漩涡气泵,最大压力为 17.5kPa,最大流量为 100m^3/h。

③ 压力传感器为 ASCOM5320 型,测压范围 0~20kPa。

④ 空气进出口用 Pt100 铂电阻和热电偶测温。
⑤ 孔板压差、进出口温度、两个壁温均用人工智能仪表直接读取。

【实验操作要点】

① 实验开始前，先弄清配电箱上各按钮与设备的对应关系，以便正确使用。
② 检查蒸汽发生器中的水位，使其保持在水罐高的 1/2～2/3。
③ 打开总电源开关（红色按钮熄灭，绿色按钮亮，以下同）。
④ 实验开始时，关闭蒸汽发生器补水阀，启动风机，并接通蒸汽发生器的加热电源，打开放气阀。
⑤ 将空气流量控制在某一值。待仪表数值稳定后，记录数据，改变空气流量（8～10次），重复实验，记录数据。
⑥ 在换热器的内管中插入混合器，重复以上步骤④、⑤，再次进行实验。
⑦ 实验结束后，先停蒸汽发生器电源，再停风机，清理现场。

【实验注意事项】

① 实验前，务必使蒸汽发生器液位合适。液位过高，水会溢入蒸汽套管内；过低，则可能烧坏加热器。一般水位高度为蒸汽发生器高度的 2/3。
② 调节空气流量时，要做到心中有数，为保证湍流状态，孔板压差计的读数不应从零开始，最低不小于 $5mmH_2O$ 或是 0.1kPa。实验中要合理取点，以保证数据点的均匀。
③ 注意旁路阀的正确使用方法。
④ 操作小心，防止烫伤。
⑤ 电位差计必须按使用说明去使用，转动旋钮要轻，用后注意要关闭开关。
⑥ 每改变一个流量后，待数据稳定再测取数据（两数据间一般间隔 3～5min）。

【实验数据处理要求】

① 在双对数坐标系中绘出 $Nu/Pr^{0.4}$-Re 的关系图。
② 整理出流体在圆形管内做强制湍流流动时对流传热系数的半经验关联式。
③ 将得到的半经验关联式与公认的关联式相比较，找出两者的差异，并分析原因。
④ 试分析冷流体流量的变化对 α_1、α_2 和 K 的影响。
⑤ 原始记录如表 3-16 和表 3-17 所示，数据处理过程中还应做好中间运算表和结果表。

表 3-16　空气对流传热系数的测定实验原始记录表

实验班级：_____　实验者姓名：_____　实验装置号：_____
指导教师签字：_____　实验日期：_____
实验条件管径_____；大气压_____；管长_____

序号	进口温度/℃	出口温度/℃	壁温 1/℃	壁温 2/℃	孔板压差/kPa	压降/kPa
1						
2						
⋮						
10						

表 3-17 加混合器后空气对流传热系数的测定实验原始记录表

实验班级：_____ 实验者姓名：_____ 实验装置号：_____
指导教师签字：_____ 实验日期：_____

序号	进口温度/℃	出口温度/℃	壁温 1/℃	壁温 2/℃	孔板压差/kPa	压降/kPa
1						
2						
⋮						
10						

【实验思考题】

① 本实验中应测取哪些数据？
② 如何测取 K 值？为什么可用 K 值代替 α_2 值？
③ 实验中传热量应该用蒸汽放出的热量还是空气吸收的热量？为什么？
④ 本实验用传热面积计算 K 值时，应该用内表面积，还是外表面积？为什么？
⑤ 空气流量如何测取？操作中应注意什么问题？
⑥ 温度的测量采用什么方法？
⑦ 在不同的流动范围，无量纲特征数关联式有什么不同？
⑧ 为什么要排除不凝性气体？
⑨ 由实验数据求取关联式中的系数和指数时，都有哪几种方法？
⑩ 本实验中管壁温度应接近蒸汽的温度还是空气的温度？为什么？
⑪ 本实验可采取哪些措施强化传热？

【创新型实验设计】

结合现有实验装置，自行设计扰流元件（混合器）进行强化实验，亦可采用不同冷、热体系进行传热系数的测定。

3.8 传热平台实验

【实验任务与目的】

① 熟悉换热过程的工艺流程，了解换热器的结构，并学习循环换热的流程组合，为工程上冷热流体的换热组合提供启示。
② 掌握总传热系数 K 的测定方法，了解板式、列管换热器的结构特点，比较两种换热器总换热系数 K 的大小，为开发新型换热器提供参考。
③ 比较列管换热器并、逆流时对总传热量大小的影响。测定流量改变对总传热系数的影响，并分析哪一侧流体流量是控制性热阻，如何强化换热过程。
④ 测定不同换热器内流速对压降的影响，考虑经济因素，选择适宜的操作流速提供参数。

⑤ 测定离心泵特性曲线及管路特性曲线。

【实验基本原理】

间壁式换热器的总传热系数 K [W/(m²·℃)] 表示单位面积、单位温度差下单位时间的传热量。它的大小取决于两侧流体的物性、流速、流动状况、管壁及污垢热阻等因素。金属间壁热阻很小，倘若是新换热器，污垢热阻也很小，这样对于已确定冷热流体的物料来说，传热系数 K 的大小就主要取决于壁面两侧的传热膜系数（α_1，α_2），它与流体的流速、湍动程度相关。其表达式可简化为

$$\frac{1}{K} = \frac{1}{\alpha_1} + \frac{1}{\alpha_2} \tag{3-53}$$

当流速增大或湍流程度增大时，决定传热速率主要热阻的层流内层变薄，传热膜系数 α 增加，总传热系数 K 也增加。

以逆流操作为例，有热量衡算式为

$$Q = W_1 C_{p1}(T_1 - T_2) = W_2 C_{p2}(T_2' - T_1') \tag{3-54}$$

式中　Q——热负荷，W；

T_1，T_2——热流体进出口温度，℃；

T_1'，T_2'——冷流体进出口温度，℃；

W_1，W_2——热、冷流体质量流量，kg/s；

C_{p1}、C_{p2}——热、冷流体定压比热容，kJ/(kg·℃)。

由上式可以看出，若热、冷流体流量 W_1、W_2 不变，当传热量 Q 升高时，热流体进出口温差必将增加，冷流体进出口温差也将增加，这样若进、出两种流体的进口温度保持一定，则进出口处传热温差 ΔT_1、ΔT_2 将降低，由积分结果可知，ΔT_m 亦将降低。

传热速率方程为

$$Q = KA\Delta T_m \tag{3-55}$$

式中　Q——传热量，W；

K——总传热系数，W/(m²·℃)；

A——传热面积，m²；

ΔT_m——平均温差，℃。

由式（3-55）可知，当流速增大或湍动程度增加时，传热系数 K 将增加。但增加流速会带来能量损失的增加，因此要从经济方面考虑，确定适当的流速。列管式换热器管程可通过增加程数来提高流速，壳程则可利用折流板来提高流速和湍动程度。新型板式换热器是由许多金属板平行排列而组成的，板面冲压成凹凸的规则波纹，以促进流体湍动并增加传热面积。它的优点是总传热系数高，结构紧凑，单位体积提供的传热面积大。

【实验装置、流程与主要设备尺寸】

1. 实验装置及流程

如图 3-11 所示，装置由热油釜、齿轮油泵、水罐、离心泵（水泵）、板式及列管换热器等组成。其实验体系为白油-水。

白油在热油釜内加热升温后，经齿轮油泵打入换热器，与来自水罐的水进行换热。被冷却后经涡轮流量计计量，返回到热油釜中。釜内设有电热棒，为

传热平台
实验装置

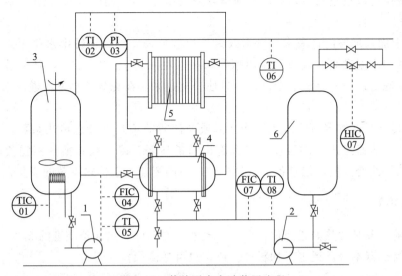

图 3-11　传热平台实验装置流程

1—油泵；2—水泵；3—热油釜；4—列管换热器；5—板式换热器；6—水罐

使釜内油温均匀，并提高釜内控热效果，釜中装有涡轮式搅拌桨，并设有釜温自控仪表，搅拌充分后，循环使用。

水罐中的水由离心泵输出经涡轮流量计计量后，打入换热器的另一侧。与油换热升温后，一部分热水经小涡轮流量计计量后排出体系；其余大部分热水返回至水罐，与补充进来的新鲜自来水充分混合，使水温降至一个恒定的设定温度，循环使用，温度由补充新鲜自来水的量或排出系统的热水量所决定。水罐设有液位自控仪表，以确保排出系统的热水与补充进来的新鲜自来水相等。

装置中设计了并联连接的板式与列管换热器，可切换操作使用。列管换热器设有既可逆流，又可并流操作的切换阀门。板式换热器本身已规定了物料进出口，只可逆流操作。在并联两换热器的进出口汇总管道上还设有测温点和测压点。

热油与循环水的流量分别由变频仪调节，并经涡轮流量计计量。热油釜与水罐的搅拌转速也可用变频仪调节。

2. 主要设备及尺寸

① 列管换热器：传热面积 $A=0.48\text{m}^2$，管程 $\phi 8\text{mm}\times 1\text{mm}$，管数 $n=38$ 根，管长 0.5m，壳程 $\phi 108\text{mm}\times 35\text{mm}$，3 块折流板。

② 板式换热器：由 6 块 0.05m^2 的换热板（传热面积 $A=6\times 0.05\text{m}^2=0.3\text{m}^2$）组装而成，板面为人字形波纹。

③ 齿轮泵型号：FX-2 型。

④ 离心水泵型号：DFLH25-20 型。

⑤ 热油釜有 3 根 1.3kW 电热棒。

⑥ 白油物性：$\mu_{40℃}=15\text{mPa}\cdot\text{s}$；$\rho_{50℃}=0.82\text{g/cm}^3$；$C_p=0.5\text{kJ/(kg}\cdot℃)$。

【实验操作要点】

① 开启白油吸入阀，将塑料管插入油桶中，打开油泵出口阀，启动油泵。将白油抽至

釜中，保证液位能没过电热棒。启动热油釜升温按钮，开始搅拌，使油温恒定在设定值（建议设定65℃）。

② 水罐中加入足够的自来水。设定好液位控制仪表，保证运转中水位恒定。装置开始运转后，水罐中水温升高。调节好排出水量，一般在（150±50）L/h，具体数值可由冷热流的热量衡算确定。新鲜自来水会自动等量地补充进来。在充分搅拌下，罐内水温能够达到一个恒定值。

③ 根据实验要求测定列管式换热器并流或逆流时的传热量及总传热系数，分别记录油与水的流量及换热器进出口的温度，以及进出口的压降；测定板式换热器逆流时的传热系数；利用变频仪改变流量，记录各个参数，测定不同流速下总传热系数的变化。

【实验注意事项】

① 实验前，务必使热油釜液位合适，一般液位的高度为热油釜高度的2/3。
② 板式换热器本身已规定了物料进出口，只可逆流操作。
③ 每改变一次流量后，要待数据稳定再测取数据，注意两数据间隔3～6min为好。

【实验数据处理要求】

① 在双对数坐标系中绘出 $Nu/Pr^{0.4}$-Re 的关系图。
② 绘制在油-水换热系统中，列管换热器在并、逆流时和板式换热器逆流时的 K-Q 关系图。
③ 比较列管换热器并、逆流时对总传热量大小的影响。测定流量改变对总传热系数的影响，并分析哪一侧流体流量是控制性热阻，如何强化换热过程。
④ 测定不同换热器内流速对压降的影响，选择适宜的操作流速。
⑤ 原始记录表如表3-18所示，数据处理过程中还应做好中间运算表和实验结果表。

表3-18 列管式换热器并、逆流及板式换热器实验原始记录表

实验班级：_____ 实验者姓名：_____ 实验装置号：_____
指导教师签字：_____ 实验日期：_____

序号	油入口温度/℃	油出口温度/℃	水入口温度/℃	水出口温度/℃	油流量/(m³/h)	水流量/(m³/h)
1						
2						
⋮						
10						

【实验思考题】

① 实验中应测取哪些数据？
② 实验中如何保证冷热流体的温度恒定？
③ 影响总传热系数 K 的因素有哪些？
④ 在本实验中，如果恒定油的流量，而改变水的流量，会有什么结果？

⑤ 如何强化传热？本实验采用哪些措施来强化传热？
⑥ 换热器总传热系数的物理意义是什么？其数值大小说明了什么问题？
⑦ 什么是传热方程？什么是传热推动力、传热阻力、传热速率？三者是什么关系？
⑧ 传热速率的计算有哪几种情况？
⑨ 换热器的总传热系数在生产中能否发生变化？其原因是什么？
⑩ 什么是换热器的热损失？应如何考虑和计算？

3.9 氧解吸实验

【实验任务与目的】

① 熟悉填料塔构造与操作。
② 测定压降与气速的关系曲线，进一步了解填料塔的流体力学性能。
③ 掌握和测定液相体积总传质系数 K_xa 的测定方法并分析其影响因素。
④ 学习利用传质速率方程处理传质问题的方法。

【实验基本原理】

本实验装置先用吸收塔并流操作使水吸收纯氧形成富氧水后，送入解吸塔塔顶，再用空气进行解吸，实验需要测定不同液量和气量下的液相体积总传质系数 K_xa，并进行关联，得到 $K_xa = AL^aV^b$ 的关联式，同时对 4 种不同填料的传质效果及流体力学性能进行比较。实验中引进计算机在线数据采集技术，加快了数据记录和处理的进程。

1. 填料塔流体力学特性

气体自下而上地通过干填料层时，由于局部及摩擦阻力而产生压降，当气体通过干填料层时，气体的压降仅与气体的流速有关，其性质与管路中流体的阻力相似。填料层压降-空塔气速关系示意图如图 3-12 所示，在双对数坐标系中，此压降对气速作图可得一斜率为 1.8~2 的直线（图中 af 线）。

当塔内有液体喷淋时，气体通过填料层的压降，不但与气速有关，而且与喷淋密度有关。当喷淋密度一定，在低气速下（图中 c 点以前），压降-气速的关系与干填料层相似。随气速的增加，出现载点（图中 c 点），塔内持液量开始增大，压强-气速关系线向上弯，斜率变陡（图中 cd 段）。塔内出现的液体被部分截流、积聚、鼓泡浮动和喷射等一系列现象，称为液泛。液泛现象的初始点（图中 d 点）称为液泛点，液泛点是气速与压降关系线的第 2 个转折点。通过实验可以测得液泛点，液泛开始后可观察到液体逐渐充满填料空隙，气体只能鼓泡上升，压力降急剧增大与气流速度成垂直直线关系。

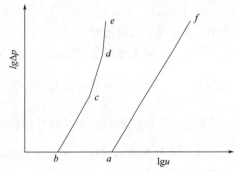

图 3-12 填料层压降-空塔气速关系示意图

2. 传质实验

填料塔与板式塔气液两相接触不同。在填料塔中，两相传质主要在填料有效湿表面上进行，需要计算完成一定吸收任务所需要的填料高度，其计算方法有传质系数法、传质单元法和等板高度法。

本实验是对富氧水进行解吸。由于富氧水浓度很低，可认为气液两相的平衡关系服从亨利定律，即平衡线为直线，操作线也为直线，因此可以用对数平均浓度差计算填料层传质平均推动力。整理得到的相应传质速率方程为

$$G_A = K_x a V_p \Delta x_m \quad (3-56)$$

$$K_x a = \frac{G_A}{V_p \Delta x_m} \quad (3-57)$$

式中 G_A——单位时间内氧气的解吸量，$G_A = L(x_2 - x_1)$，$kmol/(m^2 \cdot h)$；

$K_x a$——液相体积总传质系数，$kmol/(m^3 \cdot h)$；

V_p——填料层体积，$V_p = Z\Omega$，m^3；

Z——填料层高度，m；

Ω——填料层截面积，m^2；

Δx_m——液相对数平均浓度差，$\Delta x_m = \dfrac{(x_2 - x_{e2}) - (x_1 - x_{e1})}{\ln \dfrac{x_2 - x_{e2}}{x_1 - x_{e1}}}$；

x_2——液相进塔时的摩尔分数（塔顶）；

x_{e2}——与出塔气相 y_2 平衡的液相摩尔分数（塔顶）；

x_1——液相出塔的摩尔分数（塔底）；

x_{e1}——与进塔气相 y_1 平衡的液相摩尔分数（塔底）。

相关填料层高度的基本计算式为

$$Z_{OL} = \frac{L}{K_x a} \int_{x_1}^{x_2} \frac{dx}{x_e - x} = H_{OL} N_{OL}$$

$$H_{OL} = \frac{Z}{N_{OL}} \quad (3-58)$$

式中 Z——填料层高度，m；

L——解吸液流量，$kmol/(m^2 \cdot h)$；

H_{OL}——以液相为推动力的总传质单元高度，$H_{OL} = \dfrac{L}{K_x a}$；

N_{OL}——以液相为推动力的总传质单元数，$N_{OL} = \int_{x_1}^{x_2} \dfrac{dx}{x_e - x} = \dfrac{x_2 - x_1}{\Delta x_m}$。

由于氧气为难溶气体，在水中的溶解度很小，因此传质阻力几乎全部集中在液膜上，属于液膜控制过程，所以要提高液相总传质系数 $K_x a$，应增大液相的湍动程度，即增大喷淋量。

在 y-x 图中，解吸过程的操作线在平衡线下方，本实验中是一条平行于横坐标的水平线（因氧在水中的浓度很小）。

本实验在计算时，气液相浓度的单位用摩尔分数而不用摩尔比表示，这是因为在 y-x 图中，平衡线为直线，操作线也为直线，计算比较简单。

【实验装置、流程与主要设备尺寸】

1. 实验装置及流程

氧解吸实验装置流程如图 3-13 所示。氧气由氧气钢瓶供给,经氧气减压阀进入氧气缓冲罐,稳压在 0.04~0.05MPa。为保证安全,缓冲罐上装有安全阀,当缓冲罐内压力达到 0.08MPa 时,安全阀自动开启。用氧气流量调节阀调节氧气流量,并经转子流量计计量,进入吸收塔中。自来水经转子流量计调节流量,由转子流量计计量后进入吸收塔。在吸收塔内氧气与水并流接触,形成富氧水,富氧水经管道在解吸塔的顶部喷淋。空气由风机供给,经缓冲罐,由空气流量调节阀调节流量,经空气转子流量计计量,通入解吸塔底部,在塔内与塔顶喷淋的富氧水进行接触,解吸富氧水。解吸后的尾气由塔顶排出,贫氧水从塔底液位平衡罐排出。

氧解吸实验装置

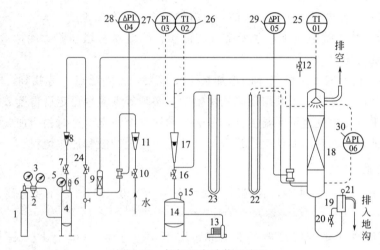

图 3-13　氧解吸实验装置流程

1—氧气钢瓶;2—氧气减压阀;3,5—氧气压力表;4—氧气缓冲罐;6—安全阀;
7—氧气流量调节阀;8—氧气转子流量计;9—吸收塔;10—水流量调节阀;11—水转子流量计;
12—富氧水取样阀;13—风机;14—空气缓冲罐;15,21—温度计;16—空气流量调节阀;
17—空气转子流量计;18—解吸塔;19—液位平衡罐;20—贫氧水取样阀;22—压差计;
23—流量计前压力计;24—防水倒灌阀;25—水温显示表;26—空气温度显示表;27—空气压力显示表;
28—水孔板压差显示表;29—空气孔板压差显示表;30—全塔压降显示表

由于气体的流量与气体状态有关,故每个气体流量计前均装有表压计和温度计。空气流量计前装有计前表压计。为了测量填料层压降,解吸塔装有压差计。

在解吸塔入口设有富氧水取样阀,用于采集入口水样,出口水样在塔底排液平衡罐上贫氧水取样阀取样。两水样液相氧浓度由 YSI550A 测氧仪测得。

2. 主要设备及尺寸

① 解吸塔:塔径为 0.1m,填料层高度为 0.8m。

② 吸收塔:塔径为 0.032m。

③ 填料类型与尺寸:

瓷拉西环:10mm×10mm×1.5mm,$a_t = 440 \text{m}^2/\text{m}^3$,$\varepsilon = 0.7 \text{m}^3/\text{m}^3$,填料因子 $\dfrac{a_t}{\varepsilon^3} = 1280 \text{m}^2/\text{m}^3$;

金属θ环：10mm×10mm×0.1mm，$a_t = 540\text{m}^2/\text{m}^3$，$\varepsilon = 0.97\text{m}^3/\text{m}^3$；

塑料星型填料：15mm×8.5mm×0.3mm，$a_t = 850\text{m}^2/\text{m}^3$；

三角形螺旋填料：10mm×10mm×10mm，$a_t = 1000\text{m}^2/\text{m}^3$，$\rho_p = 750\text{kg/m}^3$，$\varepsilon = 0.9\text{m}^3/\text{m}^3$，螺旋因数18。

【实验操作要点】

1. 流体力学性能测定

(1) 干填料压降

① 先吹干塔内的填料。

② 改变空气流量，测定填料塔压降，测取6～8组数据。注意数据间隔要合理。

(2) 湿填料压降

① 测定前一定要进行预液泛的调试，并将填料表面充分湿润。

② 固定水在某一喷淋量下，改变空气的流量，测定填料塔压降，测取8～10组数据。注意数据间隔要合理。

③ 实验接近泛点时，进塔气体的增加量不要过大，否则泛点不易找到。时刻观察填料表面气液接触状况，并注意填料层压降变化幅度，必须等各参数稳定后再读数据，泛点后填料层压降在几乎不变的气速下明显上升，务必要掌握这个特点。这时稍增加气体流量，再取一个或两个点即可。注意不要使气速过分超过泛点，避免冲破和冲跑填料。

2. 传质实验

① 氧气减压后进入缓冲罐，管内压力保持在0.04～0.05MPa，不要过高，并注意减压阀的使用方法。

② 传质实验操作条件的选取：水喷淋密度取10～15$\text{m}^3/(\text{m}^2 \cdot \text{h})$；空塔气速0.5～0.8m/s；氧气入塔流量为0.01～0.02m^3/h。适当调节氧气流量，使吸收后的富氧水浓度控制在不大于19.9mg/L。

③ 塔顶和塔底液相氧浓度的测定：分别从塔顶与塔底取出富氧水和贫氧水，用测氧仪分析其氧的含量。

④ 实验完毕后，关闭氧气时，应先关闭氧气钢瓶总阀，然后才能关闭氧减压阀及氧气流量调节阀。检查总电源、总水阀和各管路阀门，确定安全后可离开。

【实验注意事项】

① 在开风机前，务必使转子流量计的阀门处于关闭状态。

② 注意在使用空气流量调节阀时，要缓慢开启和关闭，以免转子流量计中的浮子撞坏玻璃管。

③ 为防止水倒灌进入氧气转子流量计中，打开水调节阀时要关闭防倒灌阀，或先通入氧气后再通水。

④ 注意压力计的使用和调整。

【实验数据处理要求】

① 在双对数坐标系中找出泛点与载点，并确定泛点气速。确定干填料及一定喷淋量下

的湿填料在不同空塔气速 u 下,与其相对应的单位填料层高度 $\Delta p/Z$ 的关系曲线。

② 计算在一定喷淋量和空塔气速实验条件下的液相总传质系数 $K_x a$ 及其液相总传质单元高度 H_{OL},并将计算过程中的主要参数制成表格。

③ 根据实验结果,从传质阻力的角度,讨论传质过程阻力控制步骤所在。

④ 原始记录如表 3-19～表 3-21 所示,在数据处理过程中还应做好中间运算表和结果表。

表 3-19　干填料压降氧解吸实验原始记录表

实验班级：_____　实验者姓名：_____　实验装置号：_____
指导教师签字：_____　实验日期：_____
实验条件:填料_____;填料层高度_____;塔径_____;大气压_____;水流量_____

序号	空气流量 V /(m³/h)	空气温度 t/℃	空气压力 p/kPa	全塔压降 Δp/kPa	空塔气速 u/(m/s)	单位填料高压降 $\Delta p/Z$/(kPa/m)
1						
2						
⋮						
12						

表 3-20　湿填料压降氧解吸实验原始记录表

实验班级：_____　实验者姓名：_____　实验装置号：_____
指导教师签字：_____　实验日期：_____
实验条件:填料_____;填料层高度_____;塔径_____;大气压_____;水流量_____

序号	空气流量 V/(m³/h)	空气温度 t/℃	空气压力 p/kPa	全塔压降 Δp/kPa	空塔气速 u/(m/s)	单位填料高压降 $\Delta p/Z$/(kPa/m)
1						
2						
⋮						
12						

表 3-21　传质实验原始记录表

实验班级：_____　实验者姓名：_____　实验装置号：_____
指导教师签字：_____　实验日期：_____

序号	空气流量 V/(m³/h)	空气温度 t/℃	空气压力 p/kPa	全塔压降 Δp/kPa	水流量 L/(L/h)	平均水温度 t/℃	富氧水浓度 x_2/(mg/L)	贫氧水浓度 x_1/(mg/L)
1								
2								
⋮								
12								

【实验思考题】

① 实验的主要内容是什么?说明需要测取的内容?

② 液封装置的作用是什么？如何设计？
③ 查取亨利系数的温度值应如何确定？说明道理？
④ 实验过程中应注意什么问题？
⑤ 全塔压强降和气流速度有何关系？在双对数坐标上应是什么图线？
⑥ 什么是载液和液泛现象？对吸收操作有何影响？
⑦ 为什么易溶气体的吸收和解吸属于气膜控制过程，难溶气体的吸收和解吸属于液膜控制过程？
⑧ 改变液体喷淋量和改变气体流量对吸收有何影响？
⑨ 填料塔在结构上有什么特点？
⑩ 什么是亨利定律？本实验用亨利定律解决什么问题？
⑪ 工业上，吸收在低温、加压下进行，而解吸在高温、常压下进行，为什么？
⑫ 阐述干填料压降线和湿填料压降线的特征。

【相关知识链接】

① 氧气在不同温度下的亨利系数 E 可用下式求取

$$E = (-8.5694 \times 10^{-5} t^2 + 0.07714t + 2.56) \times 10^6$$

式中　t——溶液温度，℃；
　　　E——亨利系数，kPa。

② 不同温度的氧气在水中的溶解度，如表 3-22 所示。

表 3-22　不同温度的氧气在水中的浓度

温度/℃	浓度/(mg/L)	温度/℃	浓度/(mg/L)
0.00	14.6400	15.00	10.2713
1.00	14.2453	16.00	10.0699
2.00	13.8687	17.00	9.8733
3.00	13.5094	18.00	9.6827
4.00	13.1668	19.00	9.4917
5.00	12.8399	20.00	9.3160
6.00	12.5280	21.00	9.1357
7.00	12.2305	22.00	8.9707
8.00	11.9465	23.00	8.8116
9.00	11.6752	24.00	8.6583
10.00	11.4160	25.00	8.5109
11.00	11.1680	26.00	8.3693
12.00	10.9305	27.00	8.2335
13.00	10.7027	28.00	8.1034
14.00	10.4838	29.00	7.9790

续表

温度/℃	浓度/(mg/L)	温度/℃	浓度/(mg/L)
30.00	7.8602	33.00	7.5373
31.00	7.7470	34.00	7.4406
32.00	7.6394	35.00	7.3495

③ 液相体积总传质系数 $K_x a$ 及液相总传质单元高度 H_{OL} 整理步骤。

a. 使用状态下的空气流量 V_2 为

$$V_2 = V_1 \frac{p_1 T_2}{p_2 T_1}$$

式中　V_1——空气转子流量计示值，若用孔板流量计测量，其值可用 $V = 26.2 \Delta p^{0.54}$ 求得，m^3/h；

T_1，p_1——标定状态下空气的温度和压强（20℃，1.013×10^5 Pa）；

T_2，p_2——使用状态下空气的温度和压强。

b. 单位时间氧的解吸量 G_A 为

$$G_A = L(x_2 - x_1)$$

式中　L——水流量，kmol/h；

x_1，x_2——液相进塔、出塔的摩尔分数。

c. 进塔气相浓度 y_1 与出塔气相浓度 y_2 为

$$y_1 = y_2 = 0.21$$

d. 对数平均浓度差为

$$\Delta x_m = \frac{(x_2 - x_{e2}) - (x_1 - x_{e1})}{\ln \frac{x_2 - x_{e2}}{x_1 - x_{e1}}}, \quad x_{e1} = \frac{y_1}{m}, \quad x_{e2} = \frac{y_2}{m}$$

式中　m——相平衡常数，$m = E/p$；

E——亨利系数，kPa。

p——系统总压，p = 大气压 + 1/2（填料层压差），kPa。

e. 液相总传质系数 $K_x a$ 为

$$K_x a = \frac{G_A}{V_p \Delta x_m}$$

式中　V_p——填料层体积，m^3。

f. 液相总传质单元高度 H_{OL} 为

$$H_{OL} = \frac{L}{K_x a}$$

式中　L——水的流量，kmol/h。

【创新型实验设计】

结合现有实验装置，选择新型填料或自主研发填料，进行填料性能测试实验。

3.10 精馏实验

【实验任务与目的】

① 测定全回流条件下的全塔效率和单板效率。
② 测定部分回流条件下的全塔效率或等板高度。
③ 测定精馏塔的塔板浓度（温度）分布。
④ 测定再沸器的沸腾传热膜系数。

【实验基本原理】

精馏是根据液体混合物组分的挥发度不同，利用回流将混合物分开的常用单元操作。本实验使用板式塔分离乙醇和正丙醇混合液，可以测量精馏塔的处理量、板效率、塔效率、阻力降、操作弹性等参数，其中，板效率是体现塔板性能及操作条件好坏的主要参数，它包含以下指标。

1. 总板效率

总板效率 E 为

$$E = \frac{N}{N_e} \tag{3-59}$$

式中 N——理论板数；
N_e——实际板数。

2. 单板效率

单板效率 E_{mL} 为

$$E_{mL} = \frac{x_{n-1} - x_n}{x_{n-1} - x_n^*} \tag{3-60}$$

式中 E_{mL}——以液相浓度表示的单板效率；
x_n, x_{n-1}——第 n 块板和第 $n-1$ 块板液相浓度；
x_n^*——与第 n 块板气相浓度相平衡的液相浓度。

3. 等板高度

$$\text{HETP} = \frac{Z}{N} \tag{3-61}$$

式中 HETP——等板高度，m；
Z——填料层高度，m；
N——理论板数。

4. 再沸器的沸腾传热膜系数

再沸器沸腾给热过程

$$Q = \frac{U^2}{R} = \alpha A \Delta t_m \tag{3-62}$$

式中 Q——加热量，kW；
U——加热电压，V；

R——加热电阻,28.5Ω;

α——沸腾给热系数,kW/(m^2·K);

A——传热面积,0.05m^2;

Δt_m——加热器表面与温度主体的温度之差,K。

5. 进料状况

冷液进料 q 值计算

$$q = 1 + \frac{\overline{C}_{pL}(t_b - t_F)}{\overline{r}} \tag{3-63}$$

式中　　q——进料热状况参数;

$\overline{C}_{pL}$——进料的平均摩尔热容,kJ/(kmol·K),$\overline{C}_{pL} = C_{p\cdot C_2H_5OH} x_{F\cdot C_2H_5OH} + C_{p\cdot C_3H_7OH} x_{F\cdot C_3H_7OH}$;

$C_{p\cdot C_2H_5OH}, C_{p\cdot C_3H_7OH}$——乙醇、丙醇在平均温度 t 下的摩尔热容,kJ/(kmol·℃);

$x_{F\cdot C_2H_5OH}, x_{F\cdot C_3H_7OH}$——进料中乙醇、丙醇摩尔分数;

$\overline{r}$——进料的平均摩尔汽化热,kJ/kmol;$\overline{r} = r_{C_2H_5OH} x_{F\cdot C_2H_5OH} + r_{C_3H_7OH} x_{F\cdot C_3H_7OH}$;

$r_{C_2H_5OH}, r_{C_3H_7OH}$——乙醇、丙醇与进料组成相对应的泡点温度下的摩尔汽化热,kJ/kmol;

t_F——进料温度,℃;

t_b——泡点温度,℃;

t——平均温度,$t = \frac{t_F + t_b}{2}$,℃。

操作条件的改变主要有进料状况、塔釜加热量、回流比等内容。其中,塔釜加热量主要根据塔的操作弹性以及热量衡算得到,实验中可根据需要进行调整;操作回流比通常取最小回流比的 1.2~2 倍,在开车或针对某些问题研究时,常采用全回流操作。

【实验装置及流程】

实验装置流程如图 3-14 所示。

① 筛板塔:共有 8 块筛板,塔内径为 50mm,板间距为 80mm,溢流管截面积为 80mm^2,溢流堰高为 12mm,底隙高度为 5mm,每块塔板上开有直径为 1.5mm 的小孔,正三角形排列,孔间距为 6mm。除 7、8 板外,每块塔板上都有液相取样口。为了便于观察塔板上的气液接触状况,在 7 与 8 板间设有一节玻璃视盅。蒸馏釜的尺寸 ϕ108mm×4mm×400mm,装有液面计、电加热棒(加热面积为 0.05m^2,功率为 1500W)、控温电热棒(200W)、温度计接口、测压口和取样口,分别用于观测釜内液面高度、控制电加热量、测量釜温、测量塔板压降和塔釜液相取样。塔顶冷凝器为一蛇管式换热器,换热面积为 0.06m^2,管外走蒸汽,管内走冷却水。

精馏实验装置

② 填料塔:不锈钢丝网环(ϕ6mm),空隙率为 0.95,每米相当于 10~14 块板。填料层分两段,每段高 0.8m。其他参数与筛板塔相同。

回流分配器由玻璃制成,两个出口管分别用于回流和采出,引流棒为一根 ϕ4mm 的玻璃棒,内部装有铁芯,可在控制器的作用下实现引流。此回流分配器既可通过控制器实现手动控制回流比，也可通过计算机实现自动控制。

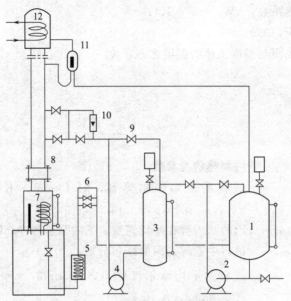

图 3-14　精馏实验装置流程
1—配料罐；2—循环泵；3—进料罐；4—进料泵；5—塔釜冷凝器；
6—π形管；7—塔釜加热器；8—视盅；9—旁路阀；
10—进料流量计；11—回流比分配器；12—塔顶冷凝器

【实验操作要点】

① 配料。在配料罐中配制乙醇体积分数为 20% 的乙醇、丙醇溶液，启动循环泵搅匀并打入进料罐中。

② 进料。开启进料泵，调节旁路阀、进料口阀门、进料流量计阀门等，向塔内进料至液位计高度 4/5 左右。

③ 全回流操作。先开塔顶放空阀门，然后按下塔釜加热器"手动加热"绿色按钮，调节加热电压至 100V，或选择"自动加热"模式，打开冷却水，有回流后，根据汽液接触状况对电压适当调整；约 20min 稳定后，塔顶、塔釜及相邻两块塔板取样分析数据。

④ 部分回流操作。开进料泵、进料罐阀门及塔中进料口阀门，调整进料量为 30mL/min，设置回流比为相应的数值 3~4，开塔釜出料阀门及π形管阀门，调整合适的加热电压，稳定 20min 后塔顶、塔釜取样分析。

⑤ 切换为"手动加热"模式，手调改变加热电压，观察液泛和漏液现象。

⑥ 实验完毕后停泵，关塔顶放空阀门，关进料罐阀门，关塔中进料口阀门，最后关冷却水。

【实验注意事项】

① 用电脑控制时，塔釜加热采用"自动加热"模式，"塔釜温控"、"回流比"等可通过数据采集界面在电脑前修改。

② 为保证精馏塔的常压操作，塔顶放空阀在设备运行时一定要打开。

③ 塔釜加热启动后，及时接通冷却水。

④ 操作时，塔釜液位不要低于液位计 1/3，以免烧坏加热器。

⑤ 取样时，针头不拔出，只动针管，以免损伤氟橡胶垫而漏液。
⑥ 阿贝折射仪的使用。

【实验数据处理要求】

① 用作图法确定实验条件下的理论板数，并进一步得出总板效率或等板高度。
② 对结果的可靠性进行分析。
③ 原始记录如表 3-23 和表 3-24 所示，在数据处理过程中还应做好中间运算表和结果表，如表 3-25 和表 3-26 所示。

表 3-23　全回流原始记录表（加热总电阻 $R=28.5\Omega$）

实验班级：_____　实验者姓名：_____　实验装置号：_____
指导教师签字：_____　实验日期：_____

进料液组成		馏出液组成		釜液组成		加热电压/V	塔顶温度/℃	塔釜温度/℃	全塔压降/kPa
折射率 n_d	质量分数 x_m	折射率 n_d	质量分数 x_m	折射率 n_d	质量分数 x_m				

表 3-24　部分回流原始记录表（进料量 30mL/min，D、W 根据物料衡算获得）

实验班级：_____　实验者姓名：_____　实验装置号：_____
指导教师签字：_____　实验日期：_____

进料液组成		馏出液组成		釜液组成		回流比	进料温度/℃	加热电压/V	塔顶温度/℃	塔釜温度/℃	全塔压降/kPa
折射率 n_d	质量分数 x_m	折射率 n_d	质量分数 x_m	折射率 n_d	质量分数 x_m						

表 3-25　实验数据结果表一

实验班级：_____　实验者姓名：_____　实验装置号：_____
指导教师签字：_____　实验日期：_____

	次数 内容	1	2	3
结果数据	进料液组成 x_F			
	馏出液组成 x_D			
	釜液组成 x_W			
	回流比 R			
	理论板数 N_T			
	q 值			
	理论加料板位置			
	实验加料板位置			
	全塔效率 η			
	等板高度 HETP/m			

表 3-26　实验数据结果表二

实验班级：_____　实验者姓名：_____　实验装置号：_____
指导教师签字：_____　实验日期：_____

内容 \ 次数	1	2	3
结果数据 进料液组成 x_F			
馏出液组成 x_D			
釜液组成 x_W			
理论板数 N_T			
q 值			
理论加料板位置			
实验加料板位置			
单板效率 η			
等板高度 HETP/m			

【实验思考题】

① 在实验中应测定哪些数据？如何测得？
② 比重天平如何使用？应注意什么问题？
③ 全回流和部分回流在操作上有何差异？
④ 塔顶回流液浓度在实验过程中有无改变？
⑤ 怎样采集样品才能符合要求？
⑥ 如何判别部分回流操作已达到稳定操作状态？
⑦ 在操作过程中各塔板上的泡沫层状态有何不同？各发生过怎样的变化？为什么？
⑧ 塔釜内压强由何决定？为什么会产生波动？
⑨ 塔顶和塔底温度和什么条件有关？
⑩ 精馏塔板效率都有几种表示方法，试讨论如何提高板效率？
⑪ 全回流操作是否为稳定操作？当采集塔顶样品时，对全回流操作有何影响？
⑫ 塔顶冷凝器内冷流体用量大小对精馏操作有何影响？

【相关知识链接】

① 乙醇-丙醇平衡数据（$p = 101.325$ kPa）如表 3-27 所示。

表 3-27　乙醇-丙醇平衡数据

序号	液相组成	气相组成	沸点/℃	序号	液相组成	气相组成	沸点/℃
1	0	0	97.16	7	0.546	0.711	84.98
2	0.126	0.240	93.85	8	0.600	0.760	84.13
3	0.188	0.318	92.66	9	0.663	0.799	83.06
4	0.210	0.339	91.60	10	0.844	0.914	80.59
5	0.358	0.550	88.32	11	1.000	1.000	78.38
6	0.461	0.650	86.25				

② 回流比控制器使用说明。

a. 如图 3-15 所示，仪表显示窗口分为回流时间（1~99s）、采出时间（1~99s）两组，回流比为上、下数字的比值。

b. "○"键表示数位移动，"∧"、"∨"键用于改变数值，"＜"键表示运行停止。

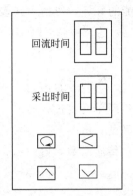

图 3-15　回流比控制器显示窗口

【创新型实验设计】

结合现有实验装置，改变物系或改变回流比进行精馏实验研究。

3.11　萃取实验

【实验任务与目的】

① 了解转盘萃取塔的结构和特点。
② 掌握液-液萃取塔的操作。
③ 掌握传质单元高度的测定方法，并分析外加能量对液-液萃取塔传质单元高度和通量的影响。
④ 了解填料萃取塔的结构和特点。
⑤ 测定不同转速或不同流量下的萃取效率。

【实验基本原理】

萃取是利用原料液中各组分在两个液相中的溶解度不同将原料液混合物分离。将一定量萃取剂加入原料液中，然后加以搅拌使原料液与萃取剂充分混合，溶质通过相界面由原料液向萃取剂中扩散，所以萃取操作与精馏、吸收等过程一样，也属于两相间的传质过程。

由于过程的复杂性，萃取过程一般采取理论级或传质单元数和传质单元高度来处理。对于转盘塔、振动塔及填料塔等这类微分接触的萃取塔，一般采用传质单元数和传质单元高度来处理。

传质单元数表示过程分离难易的程度。对于稀溶液，传质单元数可近似用下式表示

$$N_{OR} = \int_{x_2}^{x_1} \frac{dx}{x - x^*} \tag{3-64}$$

式中 N_{OR}——以萃余相为基准的总传质单元数；

x——萃余相中溶质的摩尔分数；

x^*——与相应萃取浓度成平衡的萃余相中溶质的摩尔分数；

x_1,x_2——两相进塔和出塔的萃余相摩尔分数。

传质单元高度表示设备传质性能的好坏，可由下式表示

$$H_{OR}=\frac{H}{N_{OR}} \tag{3-65}$$

$$K_x a=\frac{L}{H_{OR}\Omega} \tag{3-66}$$

式中 H_{OR}——以萃余相为基准的传质单元高度，m；

H——萃取塔的有效接触高度，m；

$K_x a$——以萃余相为基准的总传质系数，$kg/(m^3 \cdot h \cdot \Delta x)$；

L——萃余相的质量流量，kg/h；

Ω——塔的截面积，m^2。

已知塔高度 H 和传质单元数 N_{OR} 可由上式取得 H_{OR} 的数值。H_{OR} 反映萃取设备传质性能的好坏，H_{OR} 越大，设备效率越低。影响萃取设备传质性能 H_{OR} 的因素很多，主要有设备结构因素、两相物质性因素、操作因素以及外加能量的形式和大小。

【实验装置、流程与主要设备尺寸】

1. 实验装置及流程

如图 3-16 所示，本实验以水为萃取剂，从煤油中萃取苯甲酸。煤油相为分散相，从塔底进，向上流动从塔顶出。水为连续相从塔顶入向下流动至塔底经液位调节罐出。水相和油相中的苯甲酸的浓度由滴定的方法确定。

萃取实验装置

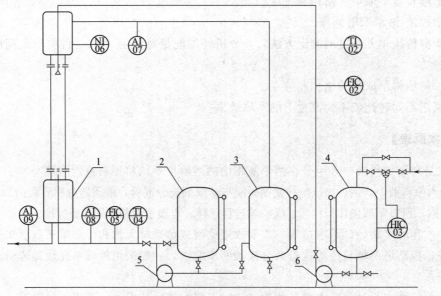

图 3-16 萃取实验装置流程

1—萃取塔；2—轻相料液罐；3—轻相采出罐；4—水相储罐；5—轻相泵；6—水泵

由于水与煤油是完全不互溶的,而且苯甲酸在两相中的浓度都非常低,可以近似认为萃取过程中两相的体积流量保持恒定。

2. 主要设备及尺寸

① 转盘萃取塔：塔径 50mm,塔高 750mm,有效高度 600mm,转盘数 16,转盘间距 35mm,转盘直径 34mm,固定环内径 36mm。

② 填料萃取塔：塔径 50mm,塔高 750mm,填料高度 600mm。

③ 水泵、油泵。

④ 转子流量计 1.6~16L/min（水）。

⑤ 转盘调速器。

【实验操作要点】

① 在水原料罐中注入适量的水,在油相原料罐中放入配好浓度（如 0.002kg 苯甲酸/kg 煤油）的煤油溶液。

② 全开水转子流量计,将连续相水送入塔内,当塔内液面升至重相入口和轻相出口中点附近时,将水流量调至某一指定值（如 8~12L/h）,并缓慢调节液面调节罐使液面保持稳定。

③ 将转盘速度旋钮调至零位,然后缓慢调节转速至设定值。

④ 将油相流量调至设定值（如 6~8L/h）送入塔内,注意并及时调整罐使液面稳定地保持在重相入口和轻相出口中点附近。

⑤ 操作稳定 20~30min 后,用锥形瓶收集油相进出口样品各 40mL 左右,水相出口样品 40mL 左右分析浓度。用移液管分别取煤油溶液 10mL,水溶液 25mL,以酚酞为指示剂,用 0.01mol/L 的 NaOH 标准溶液滴定样品中苯甲酸的含量。滴定时,需加入数滴非离子表面活性剂的稀溶液并激烈摇动至滴定终点。

⑥ 取样后,可改变两相流量或转盘转速,进行下一个实验点的测定。

【实验注意事项】

① 在操作过程中,要绝对避免塔顶的两相界面在轻相出口以上。因为这样会导致水相混入油相储槽。

② 由于分散相和连续相在塔顶、底滞留很大,改变操作条件后,稳定时间一定要足够长,大约要用半小时,否则误差极大。

③ 煤油的实际体积流量并不等于流量计的读数。当需用煤油的实际流量数值时,必须用流量修正公式对流量计的读数进行修正后方可使用。流量修正公式

$$\frac{q_{V,\text{油}}}{q_{V,\text{水}}} = \sqrt{\frac{\rho_1(\rho_f - \rho_2)}{\rho_2(\rho_f - \rho_1)}} = \sqrt{\frac{1000(7800-800)}{800(7800-1000)}} \approx 1.1344$$

【实验数据处理要求】

① 算出不同流量（L_1）下的萃取效率（传质单元高度）,见表 3-28;

② 算出不同转速（r）下的萃取效率（传质单元高度）,见表 3-29。

表 3-28　变流量实验数据表

实验班级：_____　　实验者姓名：_____　　实验装置号：_____
指导教师签字：_____　　实验日期：_____
实验条件：固定转速(_____r/min)和水相流量(_____L/h)，改变油相流量实验。

L_1	m_0	m_1	m_2	V_0	V_1	V_2	$W_{t_0} \times 10^3$	$W_{t_1} \times 10^3$	$W_{t_2} \times 10^4$	N_{OR}	H_{OR}	$K_x a$

注：L 为油流量，L/h，r 为转速，r/min；m_0 和 m_1 分别为油相入口及出口取样量，g；V_0 和 V_1 分别为油相入口及出口样品滴定用 NaOH 体积，mL；V_2 为水相出口样品滴定用 NaOH 体积，mL；W_{t_0} 和 W_{t_1} 分别为油相入口及出口溶液中苯甲酸的质量分率；W_{t_2} 为水出口溶液中苯甲酸的质量分率。

表 3-29　变转速实验数据表

实验班级：_____　　实验者姓名：_____　　实验装置号：_____
指导教师签字：_____　　实验日期：_____
实验条件：固定油相流量(_____L/h)和水相流量(_____L/h)，改变转速实验。

r	m_0	m_1	m_2	V_0	V_1	V_2	$W_{t_0} \times 10^3$	$W_{t_1} \times 10^3$	$W_{t_2} \times 10^4$	N_{OR}	H_{OR}	$K_x a$

【实验思考题】

① 对于一种液体混合物，根据哪些因素决定是采用蒸馏方法还是采用萃取方法进行分离？

② 分配系数 $k_A<1$，是否说明所选择的萃取剂不适宜？如何判断用某种溶剂进行萃取分离的难易与可能性？

③ 温度对萃取分离效果有何影响？如何选择萃取操作的温度？

④ 如何选择萃取剂用量或溶剂比？

⑤ 根据哪些因素来决定是采用错流还是逆流接触萃取操作流程？

【相关知识链接】

1. 苯甲酸在煤油和水中的平衡浓度

苯甲酸在煤油和水中的平衡浓度如表 3-30～表 3-32 所示。表中，x_R 为苯甲酸在煤油中的浓度，其单位为 kg 苯甲酸/kg 煤油；y_E 为对应的苯甲酸在水中的平衡浓度，单位为 kg 苯甲酸/kg 水。

表 3-30　15℃时苯甲酸在煤油和水中的平衡浓度对照

x_R	0.001 304	0.001 369	0.001 436	0.001 502	0.001 568
y_E	0.001 036	0.001 059	0.001 077	0.001 090	0.001 113
x_R	0.001 634	0.001 699	0.001 766	0.001 832	
y_E	0.001 131	0.001 036	0.001 159	0.001 171	

表 3-31 20℃时苯甲酸在煤油和水中的平衡浓度对照

x_R	0.013 93	0.012 52	0.012 01	0.012 75	0.010 82
y_E	0.002 75	0.002 685	0.002 676	0.002 579	0.002 455
x_R	0.009 721	0.008 276	0.007 220	0.006 384	0.001 897
y_E	0.002 359	0.002 191	0.002 055	0.001 890	0.001 179
x_R	0.005 279	0.003 994	0.003 072	0.002 048	0.001 175
y_E	0.001 697	0.001 539	0.001 323	0.001 059	0.000 769

表 3-32 25℃时苯甲酸在煤油和水中的平衡浓度对照

x_R	0.012 513	0.011 607	0.010 546	0.010 318	0.007 749
y_E	0.002 943	0.002 851	0.002 600	0.002 747	0.002 302
x_R	0.006 520	0.005 093	0.004 577	0.003 516	0.001 961
y_E	0.002 126	0.001 816	0.001 690	0.001 407	0.001 139

2. 标准氢氧化钠溶液的配制与标定

(1) 配制 (0.005mol/L)

称取约 2g 氢氧化钠，溶于 100mL 水中，摇匀，注入聚乙烯容器中，密闭放置至溶液清亮。用塑料管虹吸 5mL 的上清液，注入 1000mL 无二氧化碳水中，摇匀。

(2) 标定

称取 0.05g 于 105~110℃ 烘至恒重的基准的邻苯二甲酸氢钾，准确至 0.0001g，溶于 50mL 的无二氧化碳水中，加 2 滴酚酞指示剂（10g/L），用配制好的氢氧化钠溶液滴定至溶液呈粉红色，同时做空白试验。

(3) 计算

氢氧化钠标准溶液的摩尔浓度按下式计算：

$$c(\text{NaOH}) = m/(V_1 - V_0) \times 0.2042$$

式中 $c(\text{NaOH})$——氢氧化钠标准溶液的摩尔浓度，mol/L；

V_1——滴定用邻苯二甲酸氢钾的体积，mL；

V_0——空白试验氢氧化钠溶液的体积，mL；

m——邻苯二甲酸氢钾的质量，g；

0.2042——与 1.00mL 氢氧化钠标准液 [$c(\text{NaOH})=1.000\text{mol/L}$] 相当的以克表示的邻苯二甲酸氢钾的用量。

3. 实验数据处理的参考方法

① 样品浓度的计算

$$Y = \frac{c_{\text{NaOH}} V_{\text{NaOH}} M_{\text{苯甲酸}}}{m_{\text{样品}}} (\text{g 苯甲酸}/\text{g 溶剂})$$

② 根据进出口浓度，用两点式定出操作线方程。两点分别为（0，$Y_{\text{油出}}$），（$X_{\text{水出}}$，$Y_{\text{油入}}$），即 $X = aY + b$。

③ 根据操作温度选择平衡线方程：$X^* = a'y^3 + b'y^2 + c'y + d'$。

④ 计算传质单元数 N_{OR}。

方法一：由于 $X = f_2(y) = aY + b$，则 $X^* = f_i(y)$，代入 N_{OR} 计算式采用辛普森数值积分公式计算。基于连续相（水相，萃取相）的总传质单元数的计算：

$$N_{OR} = \int_0^{x_{水出}} \frac{dx}{x^* - x} = \int_{y_{油出}}^{y_{油入}} \frac{a\,dy}{f_1(y) - f_2(y)}$$

辛普森数值积分公式：$N_{OG} = \int_{Y_0}^{Y_n} f(Y)dY$

$$\approx \frac{\Delta Y}{3}\{f(Y_0) + f(Y_n) + 4[f(Y_1) + f(Y_3) + \cdots + f(Y_{n-1})] + 2[f(Y_2) + f(Y_4) + \cdots + f(Y_{n-2})]\}$$

其中：$\Delta Y = \dfrac{Y_n - Y_0}{n}$，$N_{OG} = \int\limits_{Y_0}^{Y_n} f(Y)dY$

方法二：由于实验体系中，萃取相与萃余相的相平衡关系为一曲线，故传质单元数 N_{OR} 的确定亦可采用图解积分法（见图 3-17）。

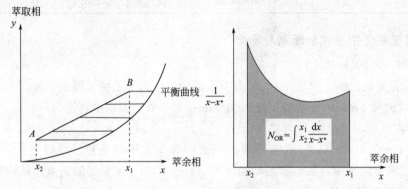

图 3-17　N_{OR} 的计算法

⑤ 基于萃取相计算的传质单元高度 H_{OR}

$$H_{OR} = \frac{H}{N_{OR}}$$

【创新型实验设计】

结合现有实验装置，改变物系进行萃取实验研究。

3.12 流化床干燥实验

【实验任务与目的】

① 了解流化床干燥器的基本原理及操作方法。
② 掌握物料干燥速率曲线的测定方法，测定干燥速率曲线，并确定临界含水量 X_0 及恒速段的传质系数 K_H 及降速段的比例系数 K_x。
③ 测定物料含水量及床层温度随时间的变化曲线。
④ 掌握流化床流化曲线的测定方法，测定流化床床层压降与气速的关系曲线。

【实验基本原理】

1. 干燥曲线

干燥实验的目的是将湿物料置于一定的干燥条件下，即加热空气的温度、湿度、空气的流速及空气的流动方式均不变的情况下，测定被干燥物料的质量和温度随时间的变化关系，可得到物料含水量 X 与时间 τ 的关系曲线和物料温度 θ 与时间 τ 的关系曲线，如图 3-18 所示。物料含水量与时间曲线的斜率即为干燥速率 u，将干燥速率与物料含水量作图，即可得到干燥速率曲线，如图 3-19 所示。

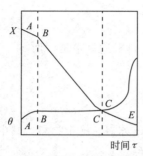

图 3-18　物料含水量、物料温度与时间曲线

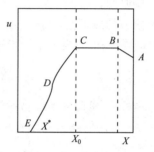

图 3-19　干燥速率曲线

2. 干燥速率曲线

工作过程可分 3 个阶段，如图 3-19 所示。

(1) 物料预热段（AB 段）

在干燥初始阶段，由于物料的初温不会恰好等于空气的湿球温度，因此，干燥初期会有一个时间不长的预热段。在这个阶段，热空气中的部分热量用来加热物料，另一部分热量被设备吸收或损失掉了，这时，物料的含水量随时间变化不大。

(2) 恒速干燥阶段（BC 段）

在该阶段中，由于物料中含有一定量的非结合水，这部分水所表现的性质与纯水相同，热空气传入物料的热量只用来蒸发水分，因此，物料的温度基本不变，并近似等于热空气的湿球温度。若干燥条件恒定，则干燥速率亦恒定且为最大。

$$U_c = \frac{dQ}{r_w A d\tau} = \frac{\alpha(t - t_w)}{r_w} = k_H(H_w - H) \tag{3-67}$$

式中　α——恒速段物料表面与空气间对流传热系数，kg/（m²·s）；

　　　t——空气介质的温度，℃；

　　　t_w——干燥室空气的湿球温度，℃；

　　　k_H——气相传质系数，kg/（m²·s）；

　　　H_w——湿球温度下气体的饱和湿度，kg 水/kg 干空气；

　　　H——干燥室空气的湿度，kg 水/kg 干空气；

　　　r_w——t_w 温度下水的汽化热，kJ/kg。

(3) 降速干燥阶段（CE 段）

物料含水量减少到临界含水量 X_0，在该阶段中，由于物料中大量的结合水已被汽化，物料表面将逐渐变干，使水分由"表面汽化"逐渐移到物料内部，从而导致汽化面积的减少和传热传质途径的加长。此外，由于物料中结合水的物理和化学约束力的作用，水的平衡蒸汽压下降，这时需要较高的温度才能使这部分水分汽化，所有这些因素综合起来，使得干燥速率不断下降，物料温度也逐渐升高，最终达到平衡含水量 X^* 而终止。

干燥速率为单位间隔时间在单位面积上汽化的水分量，可表示为

$$u = \frac{\mathrm{d}w}{A\mathrm{d}\tau} \approx \frac{\Delta w}{A\Delta\tau} \tag{3-68}$$

式中 u——干燥速率，$kgH_2O/(m^2 \cdot s)$；

A——干燥面积，m^2；

$\Delta\tau$——间隔时间，s；

Δw——湿物料的质量差，$\Delta w = G_i - G_{i+1} = G_c(X_i - X_{i+1})$。

图 3-19 中的横坐标 $\overline{X}$ 为与某干燥速率对应下的物料平均含水量，即

$$\overline{X} = \frac{X_i + X_{i+1}}{2} \tag{3-69}$$

式中 $\overline{X}$——某一干燥速率下湿物料的平均含水量；

X_i，X_{i+1}——$\Delta\tau$ 时间间隔内开始和终了的含水量，kg 水/kg 绝干物料，其中

$$X_i = \frac{G_i - G_c}{G_c} \tag{3-70}$$

G_i——第 i 时刻取出的湿物料的质量，kg；

G_c——物料的绝干质量，对干燥颗粒状的物料应为第 i 时刻取出的湿物料的绝干质量，kg。

干燥速率曲线只能通过实验测定，因为干燥速率不仅取决于物料性质结构及含水量，而且还受空气性质、设备类型和操作条件等的影响。目前，尚无成熟的理论方法用来计算干燥速率，工业上仍依赖于实验来解决工作问题。

3. 流化曲线

在实验中，可以通过测定不同流量下的床层压降，得到流化床床层压降与气速的关系曲线（见图 3-20）。

当气速较小时，操作过程处于固定床阶段（AB 段），床层基本静止不动，气体只能从床层空隙中流过，压降与流速成正比；当气速逐渐增加（进入 BC 段），床层开始膨胀，孔隙率增大，压降与气速关系将不再成比例。

当气速继续增大，进入流化床阶段（CD 段），固体颗粒随气体流动而悬浮运动，随着气速的增加，床层高度逐渐增加，但床层压降基本保持不变，等于单位面积的床层净重。当气速增大至某一值后（D 点），床层压降将减小，此时，进入气流输送阶段。D 点处的流速被称为带出速率（u_o）。

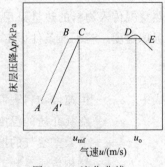

图 3-20 流化曲线

在流化状态下降低气速，压降与气速的关系将沿图中的 DC 线返回至 C 点。若气速继续降低，曲线将无法按 CBA 继续变化，而沿 CA' 变化。C 点处流速被称为最小流化速率（u_{mf}）。

在生产操作中，气速介于起始流化速率与带出速率之间，此时床层压降保持恒定，这就是流化床的重要特点。因此，可以通过测定流化床层的压降来判断床层流化的优劣。

【实验装置、流程与主要设备尺寸】

1. 实验装置及流程

流化床干燥器（也称沸腾床）实验装置流程如图 3-21 所示。

本设备由硬质玻璃筒和不锈钢筒组成床身，在不锈钢筒上设有物料的取样器、放净口和温度接口等，分别用于取样、物料的放净和测温。在床身顶部气固分离段设有加料口和测压口，分别用于物料的加料和测压。

流化床干燥实验装置

空气加热装置由加热器和控制系统组成，加热器为不锈钢蛇管式加热器，加热管外壁设热电偶，与人工智能仪表、固态继电器等一起实现空气介质的温度控制。空气加热装置底部设有测量空气的干球温度和湿球温度的接口，以测定空气的干、湿球温度。

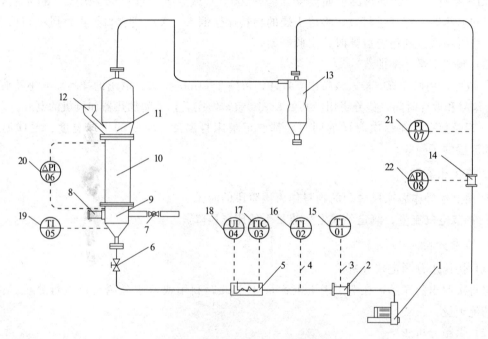

图 3-21 流化床干燥实验装置流程

1—风机；2—湿球温度水筒；3—湿球温度计；4—干球温度计；5—空气加热器；
6—空气流量调节阀；7—物料放净阀；8—取样孔；9—不锈钢筒床底；10—玻璃沸腾床体；
11—气固分离段；12—加料孔；13—旋风分离器；14—孔板流量计；15—湿球温度显示表；
16—干球温度显示表；17—加热器壁表面温度显示表；18—电压显示表；19—床身温度显示表；
20—床身压降显示表；21—空气压力显示表；22—孔板压差显示表

本实验装置的空气流量采用孔板流量计计量，其流量可以通过式（3-12）求取。

本装置在床身上部设有旋风分离器，用来除去干燥物的粉尘。

2. 主要设备及尺寸

① 床身：一部分为硬质玻璃筒，其内径为 100mm，高为 400mm；另一部分为不锈钢筒，其内径为 100mm，高 100mm。

② 风机。

③ 孔板流量计。

【实验操作要点】

1. 干燥实验

(1) 实验开始前

① 启动天平,使其处于待用状态。

② 将快速水分测定仪打开,并处于待用状态。

③ 准备一定量的被干物料(以绿豆为例),取 0.5kg 左右放入 60～70℃ 的热水中,泡 20～30min,取出,并用干毛巾吸干表面的水分,待用。

(2) 床身的预热

先启动风机,然后再启动加热器,将空气控制在某一流量下(孔板流量计的压差为一定值,3kPa 左右),控制加热器表面温度(80～100℃)或空气温度(50～70℃)稳定后,关闭风机和加热器,打开进料口,将待干燥的物料徐徐倒入,关闭进料口。再将风机和加热器启动,当再一次达到稳定后计时,实验开始。

(3) 测定干燥速率曲线

① 取样,用取样管(推入或拉出)取样,每隔 2～4min 一次,取出的样品放入小器皿中,并记上编号和取样时间,待分析用。共做 8～10 组,做完后,关闭加热器和风机的电源。

② 记录数据,在每次取样的同时,都要记录床身温度、空气的干球温度、湿球温度、流量和床层的压降等。

2. 流化床实验

① 用上述操作后床层内剩的物料作为该阶段的测试。

② 调节空气流量,测定不同空气流量下的床层压降。

3. 结果分析

(1) 快速水分测定仪分析法

将每次取出的样品,在电子天平上称量 8～10g,利用快速水分测定仪进行分析。得到物料的绝干量。

(2) 烘箱分析法

将每次取出的样品,在电子天平上称量 8～10g,放入烘箱内烘干,烘箱温度设定为 120℃,1h 后取出,在电子天平上称取其质量,此质量即可视为样品的绝干物料量。

【实验注意事项】

① 取样时,取样管的推拉要快,管槽口要用布覆盖,以免物料喷出。

② 湿球温度计的补水筒液面不得低于警示值。

③ 电子天平和快速水分测定仪要按使用说明书操作。

【实验数据处理要求】

① 绘出物料含水量及床层温度随时间变化的关系曲线。

② 绘出干燥速率与物料含水量的关系图,并注明干燥操作条件。

③ 在双对数坐标纸上绘出流化床的 $\Delta p\text{-}u$ 图。

④ 确定临界含水量 X_0,平衡含水量 X^*,并根据实验结果计算恒速干燥阶段的传质系

数 k_H 和降速阶段的比例系数 K_X。

⑤ 实验中原始记录表如表 3-33 所示,在数据处理过程中还应做好中间运算表和结果表。

表 3-33 流化床干燥实验原始记录表

实验班级:＿＿＿＿＿ 实验者姓名:＿＿＿＿＿ 实验装置号:＿＿＿＿＿
指导教师签字:＿＿＿＿＿ 实验日期:＿＿＿＿＿

序号	空气温度/℃	取样时间/min	间隔时间/min	试样质量/g	干球温度/℃	湿球温度/℃	床层压降/kPa	床层温度/℃	空气压力/kPa	孔板压降/kPa	加热器壁温/℃	加热电压/V
1												
2												
⋮												
10												

【实验思考题】

① 空气进口温度是否越高越好?
② 实验中为什么要先开风机送风,而后再接通加热器?
③ 本实验所得到的流化床压降与气速曲线有何特征?
④ 如果气速、温度不同,干燥速率曲线有何变化?
⑤ 在流化床的操作中存在着腾涌和沟流两种不正常现象,如何利用床层压降对其进行判断?怎样避免此类现象的发生?
⑥ 为什么同一湿度的空气,温度较高有利于干燥操作的进行?
⑦ 为什么干燥曲线必须在恒定条件下测定?所谓的恒定条件指哪些条件要恒定?
⑧ 本装置在加热器入口处装有干、湿球温度计,假设干燥过程为绝热增湿过程,如何求得干燥器内空气的平均湿度 H。

【创新型实验设计】

结合现有实验装置,改变干燥物料进行流化床干燥实验研究。

3.13 萃取精馏法制无水乙醇实验(综合类创新实验)

【实验任务与目的】

① 了解萃取精馏的基本原理及操作方法。
② 通过改变操作条件,深入分析溶剂比等操作条件在萃取精馏操作过程中的作用。
③ 测定萃取精馏塔及回收塔部分回流条件下全塔效率。

【实验基本原理】

本实验要求采用精馏方法分离乙醇-水的混合物,制取无水乙醇。由于该混合物在乙醇摩尔分数达到 95% 时存在恒沸点,在乙醇水溶液中加入乙二醇,改变乙醇-水体系的汽液平衡关系，使得恒沸组成消失，实现精馏分离过程。

根据这3个组分的沸点高低，以及乙二醇在分离过程所起的作用，进行合理的流程安排。乙二醇作为萃取剂，常温下沸点为180℃左右，在接近塔顶的位置进料。原料为乙醇-水的混合物，常温下泡点为80℃左右，且塔顶要得到产品是乙醇，塔釜液采出尽可能不带出乙醇，因此，原料进料在塔的中下部。萃取剂的回收主要由第2个塔完成，即第2个塔主要是分离乙二醇和水，由于乙二醇的沸点比较高，为了节约蒸汽，因此采用减压精馏的方法来降低塔釜的温度，塔顶得到水，塔釜得到回收的乙二醇。

【实验装置、流程与主要设备尺寸】

1. 实验装置及流程

如图3-22所示，从原料的组成、分离要求来确定所需要的理论板数。对于萃取精馏塔：提馏段约为5块理论塔板，萃取精馏段约为10块理论塔板；对于萃取剂回收塔：提馏段约为7块理论塔板，精馏段约为7块理论塔板。

萃取精馏法制无水乙醇实验装置

2. 主要设备及尺寸

萃取精馏塔：由上、中、下三段组成，吸收段200mm，精馏段500mm，提馏段800mm。

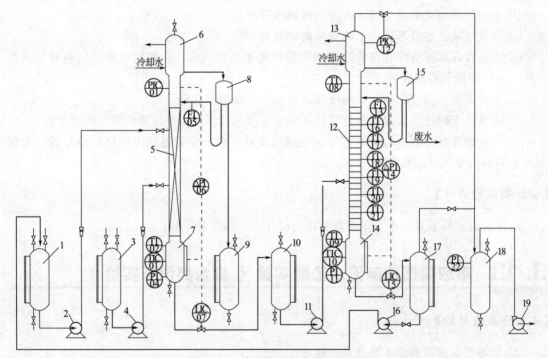

图3-22 萃取精馏实验装置流程

1—萃取剂罐；2—萃取剂进料泵；3—乙醇溶液原料罐；4—乙醇溶液进料泵；5—萃取精馏塔；
6—萃取精馏塔塔顶冷凝器；7—萃取精馏塔塔底再沸器；8—萃取精馏塔回流罐；9—乙醇产品罐；
10—萃取剂溶液罐；11—回收塔进料泵；12—萃取剂回收塔；13—回收塔塔顶冷凝器；14—回收塔塔底再沸器；
15—回收塔回流罐；16—萃取剂循环泵；17—萃取剂回收罐；18—真空罐；19—真空泵

萃取剂回收塔：分上、下两段组成，精馏段700mm，提馏段800mm。

填料：不锈钢丝网环（ϕ6mm），空隙率为0.95，每米相当于10～14块板。

【实验操作要点】

① 打开萃取精馏塔的塔釜加热电源,以及冷却水系统。

② 当萃取精馏塔釜温度上升至100℃时,打开乙醇进料泵和萃取剂进料泵,并调节流量,使其为1:1;打开萃取剂回收阀,并调整流量,使萃取精馏塔釜液面保持稳定。

③ 塔顶开始有产品采出20min后,连续取3~5个萃取精馏塔顶的产品进行色谱分析。

④ 调节乙醇进料泵和萃取剂进料泵的流量,使其为1:2,稳定20min后,连续取3~5个萃取精馏塔塔顶的产品进行色谱分析,观察乙醇产品中水含量的变化。

⑤ 这部分实验完成后,关萃取剂精馏塔釜加热。

⑥ 打开萃取剂回收塔的真空系统,使塔内真空度保持在90kPa以上,进行萃取剂回收。

⑦ 当萃取剂回收塔釜内的液面超过1/3时,打开萃取剂回收塔的加热电源。

⑧ 当萃取剂回收塔的塔顶温度超过70℃,并很快升高时,萃取剂回收完成。

⑨ 先关萃取剂回收塔釜加热,然后关真空系统。

⑩ 关闭冷却水,关闭电源总开关,整个实验结束。

【实验数据处理要求】

根据实验原始记录表及结果表分析溶剂比等操作条件在萃取精馏操作过程中的作用(表3-34、表3-35)。

表3-34 萃取精馏塔部分回流原始表

实验班级:_____ 实验者姓名:_____ 实验装置号:_____
指导教师签字:_____ 实验日期:_____

进料液		馏出液		釜液		萃取剂量 /(L/h)	回流比	进料温度 /℃	加热电压 /V	塔顶温度 /℃	塔釜温度 /℃	全塔压降 /kPa
流量 /(L/h)	质量分数 x_m	流量 /(L/h)	质量分数 x_m	流量 /(L/h)	质量分数 x_m							

表3-35 实验数据结果表

实验班级:_____ 实验者姓名:_____ 实验装置号:_____
指导教师签字:_____ 实验日期:_____

	次数 内容	萃取精馏塔1	萃取精馏塔2	回收塔1	回收塔2
结果数据	进料液组成 x_F				
	馏出液组成 x_D				
	釜液组成 x_W				
	回流比 R				
	理论板数 N_T				
	q 值				
	理论加料板位置				
	实验加料板位置				
	全塔效率 η				

【实验思考题】

① 在萃取精馏操作过程中，溶剂比与回流比分别起什么作用？
② 如果萃取精馏的产品质量未达到分离要求，可采取什么措施？
③ 在熟悉萃取精馏过程后，试述萃取精馏有什么优点和缺点。

3.14 膜蒸馏实验（综合类创新实验）

【实验任务与目的】

① 认识和理解膜蒸馏的工作原理。
② 测定直接接触式膜蒸馏（DCMD）的跨膜通量和膜蒸馏系数。
③ 测定真空膜蒸馏（VMD）的跨膜通量和传热系数。

【实验基本原理】

本装置采用疏水膜，在平面膜组件中进行 DCMD 和 VMD 实验。在 DCMD 实验中，于不同温度下测定跨膜通量，并根据测量结果计算膜蒸馏系数；在 VMD 实验中，于不同流量下测定跨膜通量，并根据测量结果计算膜组件的传热系数。本装置采用计算机在线数据采集技术和数据处理技术，加快数据记录与处理的速度。

1. 直接接触式膜蒸馏的实验原理

膜蒸馏技术是膜技术与常规蒸馏技术结合的产物，它是利用挥发性组分在膜两侧的蒸汽压差实现该组分的跨膜传质。

直接接触式膜蒸馏（Direct Contact Membrane Distillation，DCMD）原理如图 3-23 所示。温度不同的两股水流分别与膜两侧直接接触，形成膜表面的热侧和冷侧。热侧表面的水蒸气分压高于其在冷侧膜表面之值，在此压差的作用下，水蒸气分子发生跨膜传质现象，到达冷侧膜表面，并在此冷凝。这样，可通过测定一定时间内热侧料液质量的变化量得到 DCMD 的跨膜传质速率 N（跨膜通量）。

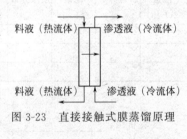

图 3-23 直接接触式膜蒸馏原理

一般认为，跨膜通量与膜两表面处的蒸汽压差成正比

$$N = C(p_{fm} - p_{pm}) \tag{3-71}$$

式中 C——膜蒸馏系数；

p_{fm}，p_{pm}——热侧和冷侧膜表面处的蒸汽压，其值可根据该处的温度用安托因方程计算，Pa。

流体流过固体表面时，如果两者的温度不同，会在流体主体与固体表面之间形成温度边界层。DCMD 过程中同样存在这种现象，即热侧膜表面处流体温度低于热侧主体温度、冷侧膜表面处流体温度高于冷侧主体温度，这种现象称为"温度极化"。显然，温度极化现象的存在使膜两侧的实际蒸汽压差低于按主体温度计算的蒸汽压差，这种现象越严重，则跨膜传质的推动力越小，传质速率越低。温度极化现象的严重程度用温度极化系数（TPC）的大

小衡量,其定义式如下

$$TPC = \frac{t_{fm} - t_{pm}}{t_f - t_p} \tag{3-72}$$

式中 t_{fm},t_{pm}——流体在热侧和冷侧膜表面的温度,℃;

t_f,t_p——两种流体主体的温度,℃。

因此 TPC 的物理意义可以理解为:两流体的温差中被直接用于作为膜蒸馏传质推动力的那一部分。

由 TPC 的定义式可以看出,欲计算 TPC 需要先求出 t_{fm} 和 t_{pm}。可以导出定态时 DCMD 的膜表面温度计算式如下

$$t_{fm} = \frac{\frac{k_m}{\delta}\left(t_p + t_f \frac{h_f}{h_p}\right) + h_f t_f - N\Delta H}{\frac{k_m}{\delta} + h_f\left(1 + \frac{k_m}{h_p \delta}\right)} \tag{3-73}$$

$$t_{pm} = \frac{\frac{k_m}{\delta}\left(t_f + t_p \frac{h_p}{h_f}\right) + h_p t_p + N\Delta H}{\frac{k_m}{\delta} + h_p\left(1 + \frac{k_m}{h_f \delta}\right)} \tag{3-74}$$

式中 ΔH——热侧流体的相变焓,kJ/kg;

δ——膜的厚度,m;

ΔH——热侧流体的相变焓,kJ/kg;

k_m——膜的混合热导率,即膜材料与空气的平均热导率,W/(m·K);

h_f,h_p——分别为膜两侧对流传热系数,W/(m²·K)。本实验中其值采用如下经验关联式计算:

$$Nu = 0.19Re^{0.678}Pr^{0.33} \tag{3-75}$$

2. 真空膜蒸馏的实验原理

真空膜蒸馏(Vacuum Membrane Distillation,VMD)的工作原理如图 3-24 所示。VMD 中,在料液(热侧)一侧发生的物理过程与 DCMD 过程类似,水在热侧膜表面处也能表现出较高的蒸汽压;在冷侧,不像 DCMD 那样采用低温液体的循环将跨膜蒸汽冷凝,而是利用真空设备在该侧建立一定的真空度,透过膜的蒸汽被真空泵抽到冷凝器中冷凝。由于膜冷侧压力很低,VMD 可以获得较大的跨膜通量。

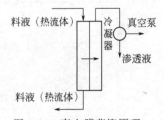

图 3-24 真空膜蒸馏原理

真空膜蒸馏跨膜传质通量可以用如下的方程描述

$$N = 1.064 \frac{r\varepsilon}{\tau\delta}\left(\frac{M}{RT_m}\right)^{0.5}\Delta p_i + 0.125 \frac{r^2\varepsilon}{\tau\delta}\left(\frac{Mp_m}{\eta RT_m}\right)\Delta p \tag{3-76}$$

式中 r——膜平均孔半径,m;

τ——膜孔的曲折因子;

ε——膜的孔隙率;

δ——膜的厚度,m;

Δp_i——挥发性组分在膜两侧的蒸汽压差,Pa;

M——水的摩尔质量,kg/kmol;

R——通用气体常数,8.314kJ/(kmol·K);

T_m——膜内平均温度,℃;

p_m——膜内平均压力,Pa;

η——挥发性组分在膜孔内的黏度,Pa·s;

Δp——膜两侧的总压差,Pa。

对真空膜蒸馏而言,在真空度较高的情况下,跨膜导热速率可认为近似为零。在此假定下,通过料液侧温度边界层传递的热量全部用于膜表面处水分的汽化。故传热速率方程

$$h_f(t_f - t_{fm}) = \Delta H N \tag{3-77}$$

式中 h_f——料液侧对流传热系数,W/(m²·K);

t_f——料液温度,℃;

t_{fm}——料液侧膜表面处的温度,℃;

ΔH——水的相变焓,kJ/kg。

事实上,式(3-77)是关于膜表面温度 t_{fm} 的非线性方程,我们采用割线法迭代求解此方程,可得膜表面的温度。由式(3-77)可直接计算膜组件对流传热系数。

【实验装置、流程与主要设备尺寸】

1. 实验装置及流程

如图 3-25 所示,热水槽 4 中的纯净水由热侧循环泵 1A 抽出,经转子流量计 2,送往电加热器 3,被加热后进入膜组件 15 的热侧,在膜组件中发生膜蒸馏过程,少部分水以水蒸气的形式进行跨膜传质,到达冷侧,其余的热水经膜组件的热侧出口流回热水槽 4。

膜蒸馏实验装置

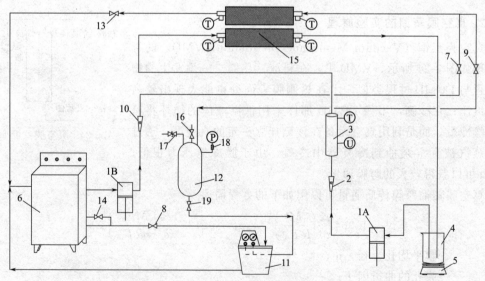

图 3-25 膜蒸馏实验装置流程

1A—热侧循环泵;1B—冷侧循环泵;2—热侧转子流量计;3—电加热器;4—热水槽;5—电子天平;6—制冷机;7,9—切换阀;8,13—切断阀;10—冷侧转子流量计;11—真空泵;12—缓冲罐;14—旁路阀;15—膜组件;16—放空阀;17—电磁阀;18—真空传感器;19—真空泵切断阀

在 DCMD 实验中，制冷机 6 水箱中的低温纯净水被冷侧循环泵 1B 抽出，经转子流量计 10 和切换阀 7 进入膜组件 15 的冷侧，在此低温水将来自热侧的跨膜蒸汽冷凝，然后流出膜组件 15，返回制冷机水箱。

在 VMD 实验中，来自膜组件 15 热侧的跨膜蒸汽到达冷侧后被真空泵 11 抽出，进入真空泵水箱并冷凝。制冷机水箱中的水由本机循环泵抽出，经切断阀 8，送往真空泵水箱中的盘管，以冷却真空泵水箱中的水，然后又返回制冷机水箱。

热油与循环水的流量分别由变频仪调节，并经涡轮流量计计量。热油釜与水罐的搅拌转速也可用变频仪调节。

2. 主要设备及尺寸

实验采用平均孔径为 $0.2\mu m$ 的聚四氟乙烯（PTFE）疏水微孔膜，有效膜面积为 $0.01 m^2$。已通过气体渗透实验测得该膜结构参数如下

$$\frac{\varepsilon r}{\tau \delta} = 1.1 \times 10^{-3}$$

$$\frac{\varepsilon r^2}{\tau \delta} = 1.28 \times 10^{-10} (m)$$

【实验操作要点】

(1) 准备工作

① 向热水槽 4 中加入纯净水，要求其液位达到 90% 以上。

② 向制冷机 6 的水箱中加入纯净水，要求其水没过盘管。确认制冷机水相进、出口管线已通入水中。

③ 向真空泵 11 的水箱中加入自来水，要求其液位达到溢流口以上（DCMD 实验无需此步）。

④ 将实验用膜安放于膜组件中，并将装配好的膜组件置于小平台上，接好进、出口管线。

⑤ 确认两个转子流量计入口阀完全开启。

(2) 直接接触式膜蒸馏实验

① 切换——将操作面板上的 4 个阀门（7、8、9、13）切向"直接接触式"一侧。

② 打开制冷机旁路阀 14。

③ 供电——打开仪表柜上的总电源开关、水泵开关、电子天平开关，制冷机开关。

④ 建立热侧循环——顺时针方向缓慢地旋转热侧泵的旋钮以增大流量，水槽中的水将被抽出，经加热器和膜组件后又返回，这样就建立了热侧循环。

⑤ 启动制冷机——打开制冷机开关，设定水温为 15℃，启动本机循环泵，确认制冷功能启动。

⑥ 建立冷侧循环——顺时针方向缓慢地旋转冷侧泵的旋钮以增大流量，制冷机水箱槽中的水将被抽出，经膜组件后又返回水箱，这样就建立了冷侧循环。

⑦ 排气——在热、冷侧流量都为 100L/h 的条件下，利用水流将膜组件冷侧的气泡排净。膜组件热侧的气泡可通过晃动膜组件、脉冲水流等方式排出。观察电子天平读数，当其值基本不变或很缓慢地变化时，可进行下一步。

⑧ 升温——确认热侧循环建立，打开电加热开关，顺时针方向旋转调压旋钮以增加加

热电压，热侧开始升温。升温过程中注意观察热侧温度的变化趋势。

⑨ 调整与数据记录——将冷、热侧流量均调整到所需值；手动调整加热电压值、以使热侧进、出口平均温度值维持在所需值；观察膜组件热侧，如有气泡，要及时排气。在计算机屏幕观察热侧、冷侧温度和跨膜通量的变化趋势，这些数据稳定后，通过点按数据采集软件的保存数据按钮，将当前数据保存至计算机文件中。（详见［数据采集与数据处理］部分）。

实验在膜两侧流量均为80L/h的条件下进行；改变热侧温度（例如，可在热侧进、出口平均温度分为别为35℃、40℃、45℃、50℃、55℃的条件下）进行跨膜通量的测定。

⑩ 停车——将加热电压值调至最小，按下电加热停止按钮；5min后依次停热侧泵、冷侧泵、制冷机、电子天平。

(3) 真空膜蒸馏实验

① 切换与关闭——将操作面板上的4个阀门（7、8、9、13）切向"真空式"一侧。关闭制冷机旁路阀14；关闭真空泵切断阀19。

② 供电——同"直接接触式"实验。

③ 建立热侧循环——同"直接接触式"实验。

④ 排气——同"直接接触式"实验。

⑤ 制冷——启动制冷机，并确认制冷功能启动。启动制冷机自带循环泵，制冷机水箱槽中的水将被抽出，经真空泵水箱内的盘管后又返回膜组件。

⑥ 建立真空——在仪表柜上给定压力的设定值（如5kPa）；启动真空泵，缓慢开启真空泵切断阀19；当压强达到设定值时，电磁阀开始工作，说明真空制系统工作正常；观察膜组件热侧，如有气泡要及时排走；再次观察电子天平读数，当其值基本不变或很缓慢地变化时，可进行下一步。

⑦ 升温——同"直接接触式"实验。

⑧ 调整与数据记录——同"直接接触式"实验。实验在热侧平均温度为50℃的条件下，测定热侧流量分别为40L/h、60L/h、80L/h、100L/h、120L/h时的跨膜通量。

⑨ 停车——将加热电压值调至最小，按下电加热停止按钮；5min后依次停热侧泵、电子天平，打开放空阀16，系统升压后停真空泵。

(4) 日常维护注意事项

【实验注意事项】

① 制冷机水箱和热侧水槽要装入纯净水，以延长膜和烧结板的使用寿命。

② 以上水箱和水槽要经常清洗，水要经常更换。

③ 除非进行实验，否则电子天平不应承重。

④ 为避免实验中烧结板流动阻力过大，建议经常用中性清剂或超声清洗器清洗烧结板。

【实验数据处理要求】

仪表参数设定表及实验原始记录表见表3-36、表3-37。

表 3-36 仪表参数设定表

实验班级：_____ 实验者姓名：_____ 实验装置号：_____
指导教师签字：_____ 实验日期：_____

仪表	热侧入口温度/℃	热侧出口温度/℃	冷侧入口温度/℃	冷侧出口温度/℃	绝压/kPa	加热器壁温/℃	加热电压/V	热、冷侧泵流量/(m³/h)
Sn	21	21	21	21		21		
DIP	1	2	2	2		2	1	
DIL		0	0	0				
DIH		20	20	20				
CF	0	0	0	0		0	0	
Addr	1	2	3	4	5	6	7	8,9
bAud	9600	9600	9600	9600	9600	9600	9600	9600

表 3-37 膜蒸馏实验原始记录表

实验班级：_____ 实验者姓名：_____ 实验装置号：_____
指导教师签字：_____ 实验日期：_____

序号	热侧入口温度/℃	热侧出口温度/℃	冷侧入口温度/℃	冷侧出口温度/℃	绝压/kPa	加热器壁温/℃	加热电压/V	热、冷侧泵流量/(m³/h)	跨膜通量/[kg/(m²·h)]	膜蒸馏系数	传热系数/[W/(m²·K)]
1											
2											
⋮											
⋮											
8											

注：1. 直接接触式膜蒸馏(DCMD)测定跨膜通量和膜蒸馏系数。
2. 真空膜蒸馏(VMD)测定跨膜通量和传热系数。

【数据采集与数据处理】

1. 软件安装

在 WINXP 或 WIN7 系统下运行软盘中的 SETUP.EXE，启动安装向导，安装数据采集与数据处理软件。安装程序自动在"开始"菜单的"程序"项中建立一个"膜蒸馏实验"的快捷方式。点击此快捷方式，便可运行数据采集软件。

安装特别说明：本软件安装完成后，还需要将安装盘中"膜蒸馏"这个文件夹中的 data 和 graphics 两个子文件夹拷入计算机中的软件安装文件夹，如"c：\ prgram files \ 膜蒸馏实验"。

2. 数据采集与数据处理软件的运行与使用

当系统安装完毕后，运动程序，屏幕会出现图 3-26 所示画面。点击此画面上的"数据采集"，则进入数据采集系统，屏幕中会出现图 3-27 所示画面。

图 3-27 各小方框中显示了装置各测量点当前的测量值。图中电子天平下方显示天平当前所称质量（g）；膜组件中显示的是当前的跨膜通量。

软件各功能分述如下：

图 3-26 膜蒸馏实验装置计算机数据采集操作界面

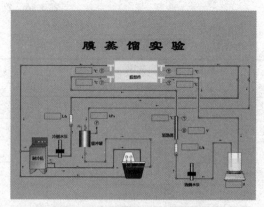

图 3-27 膜蒸馏实验操作界面

(1) 数据采集——画面如图 3-27 所示。

① 按钮 ——查看实验数据。点击此按钮，将弹出一个对话框，其中显示文件列表，选择其中的一个，则将在屏幕上显示文件内容。以此方式可查看某个记载实验数据的文件内容。按钮 ——关闭数据文件。点击此按钮，将关闭当前正在屏幕上显示的数据文件。按钮 ——保存当前实验数据。点击此按钮，将按如下格式（一行为一组数据，从左至右）将当前测量的所有信息保存到数据文件中｛包括日期与时间、热侧入口温度（℃）、热侧出口温度（℃）、冷侧入口温度（℃）、冷侧出口温度（℃）、加热器壁温（℃）、加热电压（V）、真空度（kPa）、冷侧流量（L/h）、热侧流量（L/h）、跨膜通量［kg/（m²·h）］｝。

该文件位于：\ 吉化膜蒸馏 \ data \ 文件夹中。文件名可由用户给定（详情见⑧），如果用户没有给定文件名，则软件采用 "MD" 文件名，文件名后缀为 txt。

② 按钮 ——调整测量值显示位置。此项功能为开发人员所用，不建议用户使用。

③ 按钮 ——设置报警限。点击此按钮，在屏幕上显示如下对话框，可选择其中的一个测量点，分别给定低限报警值和高限报警值（图 3-28）。如果测量值超出这两值限定的范围，则屏幕上该测量点的显示颜色将发生变化。

④ 按钮 ——设定数据存盘方式和自动存盘周期。点击此按钮，屏幕上显示如图 3-29 所示对话框。

图 3-28 "报警极限设置"对话框

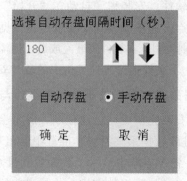

图 3-29 "保存设置"对话框

在此可对实验数据的存盘方式进行选择，软件默认为手动存盘，即需要通过手动点击 来存盘。可通过此对话框选择自动存盘，并选择自动存盘的周期。

⑤ 按钮 ——设定天平减重值。点击此按钮，屏幕上显示如图3-30所示对话框。

本软件通过测量电子天平在某段时间内质量的减少量来计算跨膜通量，此减少量可由用户在此对话框中设定。一般来说，跨膜通量较大时，减少量应给大一些，如6g；跨膜通量较小时，减少量应给小一些，如2g或3g。本软件默认减少量为6g。

⑥ 按钮 ——查看跨膜通量历史数据。点击此按钮，屏幕上显示如图3-31所示文本框。

图3-30 "产品增量设置"对话框　　　图3-31 "跨膜通量数据"文本框

该文本框中显示跨膜通量和冷、热侧流体在膜组件入口的温度。一共可显示10组数据，每一个通量测量周期，在该框中底部加入一次最新数据，最上一组数据将消失，其余数据向上移动一行。再次点击此按钮，此文本框将消失。

⑦ 按钮 ——通知采集系统当前热、冷侧流量值。点击此按钮，屏幕上显示如图3-32所示对话框。

通过该对话框，用户可将当前热、冷侧流量数据通知软件，软件将把此数据与其他实验数据一样保存至计算机文件中。软件默认流量值为零。因此，在实验中，用户必须通过该对话框将冷热、侧流量值通知软件。

⑧ 按钮 ——通知软件数据文件名。点击此按钮，屏幕上显示如图3-33所示对话框。

图3-32 "热、冷侧流量"对话框　　　图3-33 "给定数据记录文件名"对话框

通过该对话框，用户给定实验数据记录文件名，软件将按此文件名保存实验数据。输入文件名时，不能输入后缀，软件强制以 txt 为文件名后缀。如果用户不进行此项操作，则软件默认的数据文件名"MD.txt"。

⑨ 按钮 [STOP]——退出数据系统。点击此按钮，屏幕上显示询问，采集系统停止工作，得到确认后，系统将返初始界面。

(2) 数据处理——画面如图 3-26 所示。

① DCMD 数据处理——在图 3-26 所示的画面上点击"DCMD 数据处理"，则系统启用 DCMD 数据处理功能，此时画面上将弹出文件对话框，如图 3-34 所示。

双击打开其中的 DATA 文件夹，则出现 DATA 文件夹中的文件列表，如图 3-35 所示。

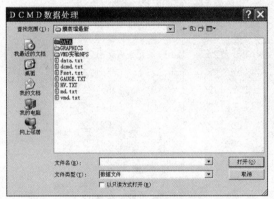 

图 3-34 启用"DCMD 数据处理"对话框　　　　图 3-35 读入数据文件

选择其中一个记录着 DCMD 实验原始数据的文件，点击"打开"按钮，则系统将进行 DCMD 实验数据处理，并将处理结果以图的形式显示，如图 3-36 所示。

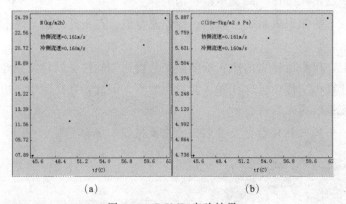

图 3-36 DCMD 实验结果

图 3-36 (a)、(b) 横坐标均为热侧流体在膜组件中温度，图 (a) 纵坐标为跨膜通量，图 (b) 纵坐标为膜蒸馏系数。点击这两幅图，它们将从屏幕上消失。软件还将生成一个数据处理结果文件，其文件名为原始数据文件名前加 R，如 R2007-10-18，该文件同样存放在 DATA 文件夹中，数据处理的结果按 t_f、t_p、u_f、u_p、f_{lux}、t_{pc}、C 顺序的格式存放。

其中　t_f——热侧平均温度，℃；

t_p——冷侧平均温度，℃；

u_f——热侧流速，m/s；

u_p——冷侧流速，m/s；

f_{lux}——跨膜通量，kg/（m²·h）；

t_{pc}——温度极化系数；

C——膜蒸馏系数，10^{-8} kg/（m²·s·Pa）。

② VMD 数据处理——在图 3-26 所示的画面上点击"VMD 数据处理"，其他操作步骤与 DCMD 相同。处理结果以图的形式显示如图 3-37 所示。

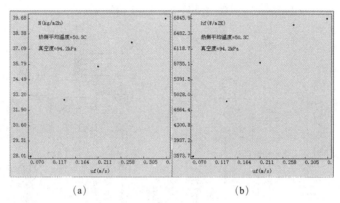

图 3-37　VMD 实验结果图

图 3-37（a）、（b）横坐标均为热侧流体在膜组件中的流速，图（a）纵坐标为跨膜通量，图（b）纵坐标为膜组件传热系数。点击这两幅图，它们将从屏幕上消失。软件还将生成一个数据处理结果文件，其文件名为原始数据文件名前加 R，如 R2007-10-28，该文件同样存放在 DATA 文件夹中，数据处理的结果按 t_f、p、u_f、f_{lux}、h_f 顺序的格式存放。

其中　p——绝压，kPa；

h_f——料液侧对流传热系数，W/（m²·K）。

(3) 退出系统——点击图 3-26 所示画面中的"退出系统"并得到确认后，应用程序运行结束。

3.15　传质分离与精制实验（综合类创新实验）

【实验目的】

① 了解天然物的提取、分离及精制。

② 了解传质与精制过程涉及的"单元操作"设备。

【装置简介】

本装置由如下"单元操作"组合而成：溶剂浸取、动态过滤、精馏回收浸取剂、原料萃取、萃取剂回收以及结晶制取产品。结晶过程配备制冷机。

根据产品工艺过程的需要可以全部采用这些单元操作，也可以选用其中几个重新组合流程。本套装置将前半部分称为传质分离平台（图 3-38），后半部分称为传质精制平台

（图3-39）。

整个过程的操作参数均由AI（人工智能）仪表集中显示，并设置有自动控制系统和报警功能。

流程操作连续，溶剂回收循环使用。

【实验装置、流程与主要设备尺寸】

1. 实验装置及流程

传质分离与精制实验装置流程如图3-38、图3-39所示。

传质分离与精制实验装置

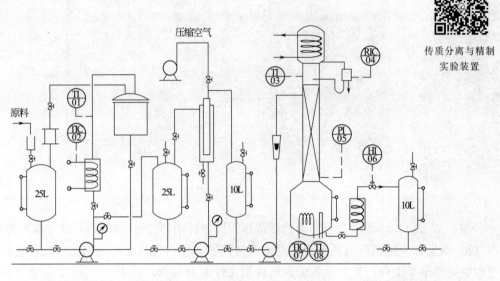

图3-38 传质分离实验装置流程

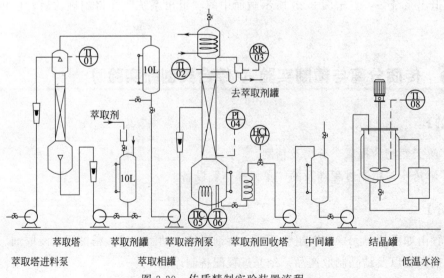

图3-39 传质精制实验装置流程

2. 主要设备及尺寸

（1）溶剂浸取设备

主要有以下组成部分：

浸取剂罐：$V=25L$，不锈钢材质。

浸取罐：$V=20L$，不锈钢材质，罐内配置不锈钢丝桶。

浸取泵：16CQ型磁力驱动泵，$Q_{max}=25L/min$，$H=8m$。

电加热管：$N=2.0kW$。

（2）动态过滤设备

浓浸取液罐：$V=25L$，不锈钢材质。

动态过滤器：内装有"不锈钢粉末冶金烧结而成的过滤管"。

过滤泵：16CQ型磁力驱动泵，$Q=25L/min$，$H=8m$。

过滤清液罐：$V=10L$，不锈钢材质。

（3）精馏回收溶剂设备

精馏塔：塔径$d=50mm$，填料高0.85m，尺寸为$4mm\times4mm\times0.1mm$金属压延孔环，1块再分布器，进料口在填料顶部往下0.15m处。

塔顶冷凝器：换热面积$A=0.06m^2$。

塔釜加热器：一组加热功率1.5kW，另一组0.2kW（有控温和安全报警功能），2组并联使用。

萃取原料罐：$V=10L$，不锈钢材质。

（4）溶剂萃取产品设备

萃取塔：$d=50mm$，填料高度0.6m，填料尺寸为$4mm\times4mm\times0.1mm$金属压延孔环，中间1个再分布器。

萃取塔进料泵：爱力浦隔膜泵，$Q=5L/min$，$H=50m$。

萃取剂罐：$V=10L$，不锈钢材质。

萃取溶剂泵：爱力浦隔膜泵，$Q=7L/h$。

萃取相罐：$V=10L$，不锈钢材质。

【实验操作要点】

① 溶剂浸取　浸取是用溶剂提取固体原料中可溶组分的操作。浸取操作将原料置于浸取罐内的不锈钢丝桶中，开启浸取泵抽取溶剂罐的溶剂（85%乙醇溶液，预先配好），通过加热管打至浸取罐内，当玻璃视镜出现液体，说明浸取罐内溶剂已满，则切换成溶剂自身循环浸取，并启动加热器，浸取物料中可溶解的组分。加热器出口温度可以任意设定并自控，建议控制在60℃左右，温度超高有报警保护功能。

取样分析浸取物浓度恒定后，切换送至浸取液罐中。

② 动态过滤　把原料悬浮液（滤浆）采用多孔物质（过滤介质）进行过滤，滤浆中的固体颗粒被阻挡在过滤介质上形成滤饼，流过滤饼及过滤介质的溶液为滤液，在连续过滤过程中，滤饼层逐渐增厚，过滤速率逐渐减慢，此过程为终端过滤。但本装置采用动态过滤，即当悬浮液流过过滤管外的夹套时，起始滤饼加厚，可是增至一定厚度后，由于流体剪力对滤饼的作用，滤饼不再增厚，过滤速率基本恒速，中途不需清除滤饼。它适用于悬浮液中固

体颗粒浓度不大的稀滤浆，十分方便浆液提浓。

启动过滤泵抽取含有物料细微颗粒的浸取液送至动态过滤器，从底部进入，顶部返回浸取液罐，调节好返回液阀门，保持一定滤压，滤液就能通过过滤管进入管内，刚开始小部分滤液稍有混浊，仍返回浸取液罐，当过滤管表面有一层薄薄滤饼后，滤液很快澄清，此时切换至稀浸取液罐即可。

③ 精馏回收溶剂　利用精馏塔回收浸取溶剂，循环使用，产品水溶液由塔釜排出。

启动精馏进料泵，抽取澄清的浸取液，送入精馏塔。流量通过调节转子流量计前的旁路阀和电机电压旋钮来控制，注意不得关闭出口阀！否则会损坏隔膜泵。

精馏过程首先要进行全回流操作，将浸取液通过快速进料（即不通过转子流量计）进入塔釜，灌至 4/5 液位高度，停止进料，打开塔顶冷凝器冷却水。塔釜开始加热升温，先用手控操作，确定合适加热电压和塔釜温控值。

如果可能先估算一下，塔顶酒精浓度为 85%，该填料的泛点气速 u_f、允许气速 $u_允$、允许的气相负荷 $V_气$ 和塔釜加热电压值 V。

该填料 80% 泛点气速时的压降值为 147mm H_2O/m 填料。

每米填料层相当于 14.5～15.5 块理论板（注：经计算，该塔 $u_泛=0.8538$m/s，$u_允=0.6$～0.8m/s，$u_冷=0.51228$～0.683m/s，$V_允=0.001$～0.00134m³/s，$V_{电压}=120$～200V，以上数据可供参考）。

待塔顶出现回流后，全回流操作，全塔压降稳定，取样分析塔顶产品合格后，切换为连续操作状态，进料量 2～5L/h，设定好回流比一般为 3～4。

塔顶采出为回收溶剂（85%乙醇溶液），返回溶剂罐，塔釜为产品水溶液，流经冷却器通过一个 π 形管进入浓浸取液罐，π 形管的作用是控制塔釜液面高度，设有 3 个高度，根据塔釜压降选择 1 个。

连续操作时，要观察顶温、釜温以及全塔压降，适当调整加热电压即可。

手控操作稳定后，将此时加热器壁温的设定值（黄字 SV 值）改成与测量值（红字）相同，关闭手动按钮，打开自动按钮，切换为自控操作。

精馏系统的仪表显示和控制点包括：塔顶温度显示、塔釜温度显示、回流比显示（可任意设定并运作）、全塔压降显示、塔釜温度控制（有手控加热及超温报警保护功能）、塔釜加热电压显示。

④ 溶剂萃取产品　萃取主要设备是填料塔，一相为连续相（重相），从塔顶进入，另一相为分散相（轻相），由塔底进入。首先使连续相充满全部填料塔，然后使分散相经过分散器呈液滴状分散从塔底进入连续相中，塔内填料的作用是使分散相的液滴不断破裂与再生，以使液滴的表面不断获得更新，增加传质推动力，提高萃取速率。

本实验以乙酸乙酯为萃取剂，从水溶液中萃取产品。乙酸乙酯为萃取相（轻相）从塔底进入，作为分散相向上流动，萃取产品后经塔顶分离段分离后又塔顶流出，流至萃取相罐中。

原料水溶液由塔的顶部进入作为连续相（重相）向下流动至塔底（溶质浓度已很低），经 π 形管通过一个"界面高度控制罐"排出，这部分萃余相中大部分是水，含很少量溶质排入下水道。

⑤ 萃取相中的溶剂需回收　本流程中设置填料精馏塔（填料 0.6m）回收溶剂。

⑥ 结晶　回收溶剂后剩余溶液经结晶操作后得到产品。

⑦ 制冷机操作　如果水槽内冷却液温度要求在零度以下，依据冷却液冰点，加入适量氯化钙。

3.16 连续精馏综合实验（操作实训类实验）

【实验目的】

① 了解常压/加压/减压连续精馏塔或间歇精馏的操作。
② 完成连续精馏塔开车、运行、停车操作。

【实验装置、流程与主要设备尺寸】

1. 实验装置及流程

连续精馏综合实验装置流程如图3-40所示。

2. 主要设备及尺寸

① 塔釜：容积3L。
② 塔体：由塔径50mm、高度700mm的3个塔节和2个进料节及1个塔头构成。
③ 贮罐：由2台10L原料罐、1台10L塔顶产品罐、1台10L塔釜产品罐、1台10L侧线产品罐构成。

连续精馏综合实验装置

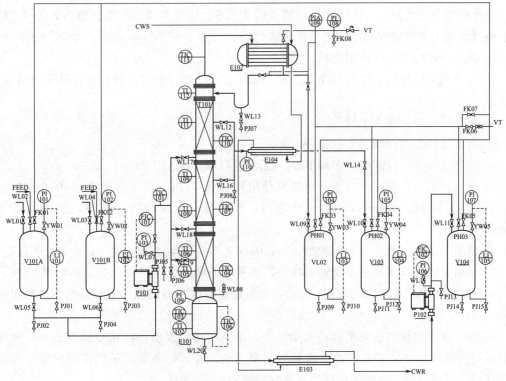

图3-40　连续精馏综合实验装置流程

V101 A/B—原料罐；P101—进料泵；T101—精馏塔；E101—塔底再沸器；E102—塔顶冷凝器；E103—塔釜残液冷却器；E104—侧线采出产品冷却器；V102—塔顶产品回收罐；V103—侧线采出产品回收罐；V104—塔底残液回收罐

④ 换热器：由1台换热面积为0.2m²塔顶冷凝器、1台套管式塔釜冷却器和1台套管式侧线冷却器构成。

⑤ 泵：由1台进料泵和1台塔釜出料泵构成。

⑥ 控制系统：由1台控制柜和1台计算机构成。

⑦ 另有一套安装支架和操作平台，用于所有设备的安装。

【实验操作要点】

1. 常压操作

（1）实验前准备

① 阀门开关状态的检查，液位平衡阀 YW01～YW05 均处于打开状态。

② 物料排净阀 PJ01～PJ15 均处于关闭状态。

③ 放空阀 FK01～FK08 及图中未标识放空阀均处于打开状态。

④ 物料阀 WL01、WL02、WL03、WL04、WL07、WL15 均处于打开状态。

⑤ 物料阀 WL05、WL06、WL08、WL09、WL10、WL11、WL12、WL13、WL14、WL16、WL17、WL18、WL19、WL20 均处于关闭状态。

⑥ 平衡阀 PH01～PH03 及图中未标识的各管线平衡阀均处于打开状态。

⑦ 控制仪表的检查。向右旋转开启装置送电按钮（仪表盘左侧黑色旋钮），检查仪表，观察各仪表是否处于正常状态。

（2）常压连续精馏实验操作步骤

连续精馏为稳态操作，在满足分离要求的情况下，操作回流比、塔釜加热负荷和进料量为定值（优化工艺参数或调整工艺条件时除外）。

① 向原料罐内加入试验用物料。

② 打开精馏塔进料管线阀门 WL17 或 WL18 或 WL19（根据进料位置打开相应的阀门，其他进料位置阀门关闭）。

③ 逐渐打开冷却水入水阀门。

④ 打开原料罐物料阀 WL05 或 WL06。

⑤ 打开进料泵出口管线排净阀 PJ06，用于进料泵排气。

⑥ 启动进料泵，设定进料流量（见泵使用说明书），用一烧杯在排净阀 PJ06 出口处接收物料，当排净阀 PJ06 出口物料无气泡时，打开泵出口阀向塔内进料，同时关闭排净阀 PJ06。

⑦ 当塔釜液位达到1/3（满釜液位为400mm）时，启动加热按钮（仪表盘绿色按钮）。

⑧ 将塔釜加热仪表调至手动输出状态，逐渐增加输出比率（如仪表显示数字为10，则表示其输出的加热功率为总功率的10%），根据塔釜温度升温情况调节加热功率，操作时要勤调、慢调。

⑨ 将各保温加热仪表调至自动输出状态，给定所需温度值，在给定温度值时，要逐渐升高，每次提高值要在10℃以内，直到工艺要求值。各段保温温度的设定原则是：只起到保温作用，不可过热，要低于此压力下物料的沸点。

⑩ 当塔顶有回流后（通过视镜观察），全回流 30～60min，然后根据工艺要求设定回流比。

⑪ 打开塔顶接收罐 V102 物料入口阀 WL09，按工艺要求回流比采出塔顶物料。

⑫ 根据工艺要求打开塔釜出料管线阀门 WL20，打开排净阀 PJ13，用于塔釜出料泵排气。

⑬ 打开塔釜接收罐 V104 进料阀 WL11。

⑭ 启动塔釜出料泵，按工艺要求设定流量（见泵使用说明书），用一烧杯在排净阀 PJ13 出口处接收物料，当排净阀 PJ13 出口物料无气泡时，打开塔釜出料泵出口阀向塔釜接收罐 V104 内采出塔釜物料，同时关闭排净阀 PJ13。

⑮ 根据工艺要求，可打开 WL13 和 PJ07 取样，分析塔顶组成，并根据分析结果调整工艺参数。

⑯ 如果工艺要求进行侧线采出，首先打开侧线阀 WL12 或 WL16、打开侧线采出罐 V103 入口阀 WL10，然后调节 WL14 的开度，缓慢采出侧线物料。

⑰ 操作时时刻观察塔釜液位，绝对不能干烧塔釜，以免出现安全事故。

(3) 实验停止步骤

① 将塔釜加热控制仪表输出比率调至为零。

② 将各保温仪表温度给定值调整为室温（20℃左右）。

③ 关闭回流比控制器（按设定按钮）（全回流操作）。

④ 按下控制仪表盘加热设备停止按钮（红色按钮），停止加热。

⑤ 停进料泵。

⑥ 关闭原料罐底部出料阀 WL05 或 WL06。

⑦ 关闭进料泵出口阀。

⑧ 关闭塔进料阀。

⑨ 停塔釜出料泵。

⑩ 关闭塔釜出料阀。

⑪ 关闭塔釜出料泵出口阀。

⑫ 关闭塔釜接收罐 V104 入料阀 WL11。

⑬ 待塔釜温度降至 50℃ 以下（如为热敏物料必须降至敏感温度以下）。

⑭ 关闭装置送电按钮（仪表盘上黑色旋钮，向左旋转）。完成停车。

2. 减压操作

(1) 实验前准备

减压精馏操作实验前准备步骤与常压精馏操作相同。

(2) 减压连续精馏实验操作步骤

① 完成与常压连续精馏操作①~⑤相同的操作。

② 打开进料泵出口管线排净阀 PJ06，用于进料泵排气。

③ 完成与常压连续精馏操作⑥~⑬相同的操作。

④ 启动塔釜出料泵，按工艺要求设定流量，用一烧杯在排净阀 PJ13 出口处接收物料，当排净阀 PJ13 出口物料无气泡时，关闭排净阀 PJ13 的同时打开塔釜出料泵出口阀，向塔釜接收罐 V104 内采出塔釜物料。

⑤ 根据工艺要求，可利用 WL13 和 PJ07 取样，取样时首先打开 WL13→关闭 PJ07→3~5min 后关闭 WL13→打开 PJ07 取样→分析塔顶组成，并根据分析结果调整工艺参数，完成取样后关闭 PJ07 和 WL13。

⑥ 完成与常压精馏操作⑯~⑰相同的操作。

（3）实验停止步骤

① 完成常压实验停止步骤中的①~⑬所示操作。

② 打开FK07将系统放空。

③ 关闭真空系统。

④ 关闭装置送电按钮（仪表盘上黑色旋钮，向左旋转）。完成停车。

3. 加压操作

（1）实验前准备

① 完成与常压精馏操作①~③相同的操作。

② 物料阀WL01、WL03、WL07、WL15均处于打开状态。

③ 物料阀WL02、WL04、WL05、WL06、WL08、WL09、WL10、WL11、WL12、WL13、WL14、WL16、WL17、WL18、WL19、WL20均处于关闭状态。

④ 完成与常压精馏操作⑥~⑦相同的操作。

（2）加压连续精馏实验操作步骤

① 向原料罐内加入试验用物料，关闭加料阀WL01和WL02，打开放空阀FK02和FK02。

② 打开精馏塔进料管线阀门W17或W18或W19（根据进料位置打开相应的阀门，其他进料位置阀门关闭）。

③ 完成与常压精馏操作③~⑤相同的操作。

④ 启动进料泵，设定进料流量，用一烧杯在排净阀PJ06出口处接收物料，当排净阀PJ06出口物料无气泡时，关闭排净阀PJ06的同时，打开泵出口阀向塔内进料。

⑤ 完成与常压精馏操作⑦~⑬相同的操作。

⑥ 启动塔釜出料泵，按工艺要求设定流量（见泵使用说明书），用一烧杯在排净阀PJ13出口处接收物料，当排净阀PJ13出口物料无气泡时，关闭排净阀PJ13的同时打开塔釜出料泵出口阀，向塔釜接收罐V104内采出塔釜物料。

⑦ 完成与减压精馏操作⑤~⑥相同的操作。

⑧ 塔在加压条件下开车时，开始系统内会有不凝气，可通过FK07或FK08缓慢排出。

⑨ 加压条件下开车时，系统压力可通过塔顶冷凝器冷却介质的温度调节，绝对禁止使用氮气加压（因为氮气为不凝气，在塔内严重影响塔的分离效率）。

⑩ 完成与常压精馏操作⑰相同的操作。

（3）实验停止步骤

① 完成常压精馏停止步骤中的①~⑬所示操作。

② 打开FK07将系统放空。

③ 关闭装置送电按钮（仪表盘上黑色旋钮，向左旋转）。完成停车。

【安全注意事项】

① 实验室不可无人操作。由于本装置为电加热，因此绝对不允许无人操作，以免发生安全事故。

② 塔釜加热及塔体保温均采用电加热，一定要防止水进入加热套内，以防短路或安全

事故的发生。

③ 塔釜升温不要过快，以防泛塔；塔柱保温必须使用，以防泛塔。

④ 建议：操作时智能加热仪表使用手动升温方式加热，因为采用自动方式加热，当气液两相达到平衡时，温度不再变化，此时加热仪表得到的信号为温度已达到给定值，无需加热，这样会造成釜内物料汽化量逐渐减少，直至没有汽化，然后再重新加热，造成塔内汽化量不稳定，影响装置正常操作。

【仪表使用说明】

（1）回流比控制器的操作方法

主要是调整回流时间和采出时间：

① 回流时间调整　仪表面板显示的是当前的回流时间，如需调整通过右侧键将需要改的数字移到位，然后通过调整向上按键进行调整完毕后按（MOD）键确认。

② 采出时间的调整　按（MOD）键5s，进入仪表的二级菜单，当仪表出现LOK-0055时，继续按（MOD）键，直到出现HE窗口，再按调整回流时间一样进行操作，改完后按（MOD）键确认。再连续按（MOD）键回到一级菜单，仪表改动完毕。

（2）温度控制仪表的操作方法

仪表手动自动的切换方法：按"循环键（左下角）"切换在输出窗口（显示"O"），长按"ENT"键，直至手动指示（MAN）灯闪亮，此时切换为手动状态。手动状态可通过"▲或▼"键改变输出比率。

在手动状态下，长按"ENT"键，直至手动指示（MAN）灯熄灭，此时仪表处于自动状态；按"循环键"，选择仪表至正常运行窗口，此时可通过"▲或▼"键改变设定温度，温度设定完成后，要按"ENT"键确认。

第4章 选做与演示实验

4.1 伯努利方程实验

【实验目的】

① 熟悉流体在流动中各种机械能和压头的概念及其相互转换关系。
② 观察流速与压头的变化规律,掌握测量方法。

【实验基本原理】

流动的流体具有机械能,包括位能、动能和静压能,这三种能量可以相互转换。在没有摩擦损失且不输入外功的情况下,流体流经管道各截面上的机械能总和不变。

在有摩擦而没有外功输入时,任意两截面间机械能的差即为摩擦损失。

机械能可用测压管中液柱的高度来表示,当活动测压头的小孔(测压孔)正对水流方向时,测压管液柱的高度是动压头、静压头与位压头的和。当活动测压头的小孔垂直于水流方向时,测压管中液柱的高度是静压头与位压头之和。位压头可根据基准面和标尺确定。

【实验装置及流程】

机械能转化实验装置流程如图4-1所示。

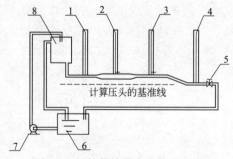

图 4-1 机械能转化实验装置流程
1—1号测压管;2—2号测压管;3—3号测压管;4—4号测压管;
5—水流量调节阀;6—水箱;7—循环水泵;8—上水槽

【操作步骤】

1. 验证流体静力学原理

开动循环水泵,关闭水流量调节阀 5,这时测压管液面高度均相同,且与活动测压头位置无关。这说明当流体静止时,其内部各点的压强值与深度和流体密度有关。

2. 观察流体流动时的能量转化

开水流量调节阀 5,使 4 号测压管液柱显示 1600Pa 左右,在测压管上读取每个测压点的指示值。旋转 2 号及 3 号测压管的活动手柄,使活动测压头的小孔正对流动方向后,测量各截面的总压头,记录数据并进行比较。

【实验注意事项】

注意测压孔的位置,并检查是否有堵塞现象。

【实验数据表】

机械能转化实验的设备尺寸数据如表 4-1 所示,实验数据记录表如表 4-2 所示。

表 4-1 机械能转化实验设备尺寸数据

项目 \ 测压点序号	1	2	3	4
管截面内径/m	0.010	0.021	0.010	0.010
管中心高度/m	0.065	0.065	0.065	0.010

表 4-2 机械能转化实验数据记录表

项目 \ 测压点序号	1号截面	2号截面	3号截面	4号截面
位压头/Pa				
静压头/Pa				
动压头/Pa				
机械能/J				

【实验思考题】

① 伯努利方程式表示什么样的物理意义?等式两边应如何解释?
② 说明动压头、静压头、位压头、总压头在本实验中是如何测得的?
③ 喉管原理是什么?举例说明。
④ 什么是损失压头?与管内流速有何关系?
⑤ 毕托管原理是什么?

4.2 流线演示实验

【实验目的】

① 观察流体在经过弯曲流道、突然扩大、突然缩小和绕过物体流动时边界层分离形成

旋涡的现象。

② 观察流体流过孔板、喷嘴、转子、文丘里管、三通、弯头、阀门、弯曲流道、突然扩大、突然缩小、绕过换热器管束时边界层分离，形成涡流的现象，并定性地考察与其流速的关系。

【实验基本原理】

流速均匀的流体在流过平板或相同管径的管道时，在紧贴固体壁面上产生了边界层。当流体经过球体、圆柱体等其他形状的固体表面时，或流经管径突然改变处的管道时，流体的边界层将产生与固体表面脱离的现象，即边界层的分离，在此处流体将产生旋涡，从而加剧了流体质点间的碰撞，增大了流体的能量损失。

【实验装置及流程】

面板上有 6 种通过流道或绕流线不同的实验装置，如图 4-2 所示。

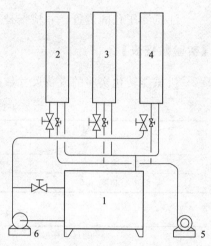

图 4-2 流线演示实验装置流程
1—水箱；2~4—流道演示板；
5—气泵；6—离心泵

【实验操作要点】

① 使用前，将加水开关打开，将离子水加入到水箱中，至水位达到水箱高度的 2/3。

② 打开泵调解旋钮，使水泵工作，调解水箱进气旋钮，使水中有气泡出现。

③ 观察水在流过不同流道时的变化形式与旋涡的形成。

④ 继续调解水泵调解旋钮，观察不同流速下的流线变化形式与旋涡的大小。

【实验思考题】

① 在输送流体时，为何要避免旋涡的形成？
② 为何在传热、传质过程中要形成适当的旋涡？

4.3 雷诺实验

【实验目的】

① 观察流体在管内的两种不同流动形态。
② 找出层流、湍流所对应的雷诺数（Re）范围。
③ 观察层流时管路中流体的速度分布状况。
④ 确定层流变为湍流时的临界雷诺数。

【实验基本原理】

流体流动状态的影响因素除流速 u(m/s)外，还有管径（或当量直径）d(m)、流体的

密度 ρ(kg/m³)及黏度 μ(N·s/m²)，通常由此 4 个物理量组成的无量纲特征数(Re)来判定：

$$Re = \frac{du\rho}{\mu} \tag{4-1}$$

$Re<2000$ 时为层流；$Re>4000$ 时为湍流；$2000<Re<4000$ 时为过渡区，在此区间可能为层流，也可能为湍流。

对同一装置，管径 d 为定值，故流速 u 仅为流量 V 的函数；对于流体水来说，ρ、μ 几乎仅为温度 t 的函数，因此，确定了温度及流量，即可由仪器铭牌上的图查取雷诺数。

雷诺实验对外界环境要求较严格，应避免在有振动设施的房间内进行。但由于实验室条件的限制，通常在普通房间内进行，故将对实验结果产生一些影响，再加之管子粗细不均匀等原因，层流雷诺数上界在 1600～2000。

当流体的流速较小时，管内流动为层流，管中心的指示液成一条稳定的细线通过全管，与周围的流体无质点混合；随着流速的增加，指示液开始波动，形成一条波浪形细线；当流速继续增加时，指示液将被打散，与管内流体充分混合。

【实验装置及流程】

雷诺实验装置流程如图 4-3 所示。

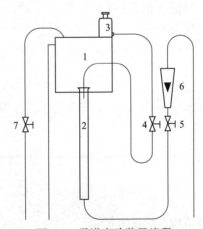

图 4-3 雷诺实验装置流程

1—水箱；2—玻璃管；3—红液体罐；4—示踪剂调节阀；
5—水调节阀；6—水转子流量计；7—上水阀

【操作步骤】

① 配制好红色染料液体，加入小罐中。
② 开上水阀，加水至水箱溢流口附近。
③ 由小到大调节流量，观察演示管中红色液体流态，查看对应 Re。
④ 关闭流量计，开一下阀门 4 然后关闭，再开流量计，观察流体质点速率分布。

【实验注意事项】

① 打开上水阀，使高位槽水位保持不变，此时装置略有振动，应关闭上水阀以便减少振动，当高位槽水位递减时，需考虑二者对实验有不同影响。

② 注意控制示踪剂流速与管内水速相等。

【实验数据表】

测定各种流动状态下的雷诺数（从小流量到大流量然后从大流量到小流量）如表 4-3 所示。

表 4-3 雷诺实验数据表

玻璃管内径_____mm；水温_____℃

序号	流量计数值/(L/h)	流速 u/(m/s)	雷诺数(Re)	墨水线形状	备注
1					
2					
⋮					
10					

注：要求叙述红液体线的形状，并绘制出实形线图。

【实验思考题】

① 流体流动有几种型态，判断依据有什么？
② 温度与流动形态的关系如何？
③ 什么是雷诺数？有何意义？
④ 速度分布曲线是什么形状？
⑤ 最大流速和平均流速的关系如何？

4.4 动态过滤实验

【实验任务与目的】

① 熟悉烛芯动态过滤器的结构与操作方法。
② 测定不同压差、流速及悬浮液浓度对过滤速率的影响。

【实验基本原理】

传统过滤中，滤饼会不断增厚，固体颗粒连同悬浮液都以过滤介质为其流动终端，垂直流向操作，故又称终端过滤。这种过滤的主要阻力来自滤饼，为了保持过滤初始阶段的高过滤速率，可采用诸如机械的、水力的或电场的人为干扰限制滤饼增长，这种有别于传统的过滤称为动态过滤。

本动态过滤实验借助一个流速较高的悬浮液平行流过过滤介质，既可使滤液通过过滤介质，又可抑止滤饼层的增长，从而实现稳定的高过滤速率。

动态过滤有以下特点。

① 将分批过滤操作改为动态过滤，这样，不仅操作可连续化，同时，最终浆料的固含量可提高。
② 在操作极限浓度内滤渣呈流动状态流出，省去卸料装置带来的问题。

③ 动态过滤适用于难以过滤的物料，如可压缩性较大、分散性较高或稍许形成滤饼即形成很大过滤阻力的浆料及浆料黏度大的假塑性物料（流动状态下黏度会降低）等，同时特别适用于洗涤效率要求高的场合。

【实验装置及流程】

实验装置流程如图 4-4 所示。

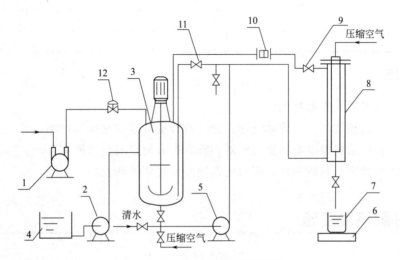

图 4-4　动态过滤实验装置流程

1—压缩机；2—磁力泵；3—原料罐；4—小储罐；5—漩涡泵；6—电子天平；
7—烧杯；8—烛芯过滤器；9—进料调节阀；10—孔板流量计；11—旁路阀；12—电磁阀

碳酸钙悬浮液在原料罐中配制，搅拌均匀后，用漩涡泵送至烛芯过滤器过滤。滤液由接收器收集，用电子天平计量后，再倒入小储罐，并用磁力泵送回原料罐，以保持浆料浓度不变。浆料的流量用孔板流量计10计量，压力靠阀9、11和电磁阀12来调节和控制。

本实验烛芯过滤器内管采用不锈钢烧结微孔过滤棒作为过滤元件，其外径为25mm，长300mm，微孔平均孔径为10μm；外管为$\phi 40mm \times 2.5mm$不锈钢管。

【实验操作要点】

① 悬浮液固体质量分数以1%～5%、压力以3～10kPa、流速以0.5～2.5m/s为宜。

② 做正式实验前，建议先做出动态过滤速率趋势图（即滤液量与过滤时间的关系图），找到"拟稳态阶段"的起始时间，然后再开始测取数据，以保证数据的正确。

③ 每做完一轮数据（一般5～6点），可用压缩空气（由烛芯过滤器顶部进入）吹扫滤饼，并启动漩涡泵，用浆料将滤饼送返原料罐，配制高浓度浆料后，开始下一轮实验。

④ 实验结束后，如长期停机，则可在原料罐、搅拌罐及漩涡泵工作情况下，打开放净阀，将浆料排出、存放，再通入部分清水，清洗罐、泵、过滤器。

【实验数据处理要求】

① 绘制动态过滤速度趋势图（滤液量与过滤时间的关系图）。

② 绘制操作压力、流体流速、悬浮液含量对过滤速率的关系图。

③ 原始记录表如表 4-4 所示，在数据处理过程中还应做好中间运算表和结果表。

表 4-4　动态过滤实验原始记录表

实验条件：$d_1=0.035$m；$d_2=0.025$m；$L=0.4$m。

序号	动态滤压/kPa	搅拌釜压/kPa	料液温度/℃	孔板压降/kPa	时间间隔 $\Delta\tau$/s	滤液量差 Δm/g	过滤速率/(m/s)
1							
2							
⋮							
11							

【实验思考题】

① 论述动态过滤速率趋势图。
② 分析并讨论操作压力、流体流速、悬浮液含量对过滤速率的影响。
③ 操作过程中浆料温度有何变化？对实验数据有何影响？如何克服？
④ 若要实现计算机在线测控，应如何选用测试传感器和仪表？

4.5　升膜蒸发实验

【实验目的】

① 熟悉升膜蒸发器的结构及操作方法。
② 测定不同操作条件下的蒸发传热膜系数。
③ 通过实验分析影响 α 的因素，了解工程上强化蒸发传热的措施。
④ 通过实验分析升膜蒸发器的特点与适用性。

【实验基本原理】

蒸发是将含有不挥发溶质的溶液加热至沸腾，使部分挥发性溶剂汽化并移除，从而获得浓缩溶液或回收溶剂的单元操作。

【实验装置及流程】

图 4-5 中蒸发管为 ϕ28mm 不锈钢管，加热段管长 0.9m，外套 ϕ38mm 玻璃管，最大加热功率为 6kW。料液由进料泵打入预热釜内，经预热后产生气泡流，从蒸发器底部进入蒸发管和玻璃管的环隙中。在蒸发管外壁，料液经加热沸腾后汽化，生成的蒸汽带动溶液沿管壁上升，形成弹状流、搅拌流以及液膜流和喷雾流等。然后经旋液分离器分离，液体由液体收集器收集并计量，二次蒸汽经冷凝器冷凝后，由冷凝液收集器收集并计量。

【操作步骤】

① 首先对应流程熟悉蒸发过程，并搞清仪表柜上按钮与各仪表所对应的设备与测控点；
② 检查原料罐的水位，使其保持在水罐高度的 1/2～2/3，若无问题，开启进料泵向预热釜内加热；

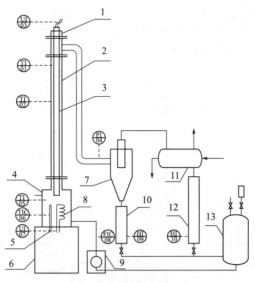

图 4-5　升膜蒸发实验装置流程

1—蒸发管密封节；2—玻璃外管；3—蒸发管主加热器；4—预热釜；5—控温器；6—支座；
7—旋液分离器；8—预热器；9—进料泵；10—液体收集器；11—蒸汽冷凝器；
12—冷凝液收集器；13—原料罐

③ 待预热釜内充满液体后停止加料，同时开启预热器加热，待釜内液体温度接近其泡点温度（常压下约 99℃）时，开启进料泵并调节流量，然后开启主加热器，进行蒸发传热过程；

④ 调整主加热器的加热电压，待操作稳定后，记录数据，调节不同的加热电压与液体负荷，重复实验，记录数据；

⑤ 若进行真空操作，先开启真空泵，然后利用仪表对所需真空度进行自动控制；待系统操作压力稳定后，再按上述步骤③、④进行实验；

⑥ 实验完毕后，先关闭主加热器与预热器，然后再停进料泵，清理现场。

【实验注意事项】

① 实验前应保证原料罐内有充足的料液，以便实验过程的稳定进行。

② 应先向预热釜内加料，再开启加热，以免预热器因干烧而损毁。

③ 在蒸发器内，也需先进料再加热，避免干壁现象的发生；在停车时，也需先停加热和预热再停进料泵。

④ 调节数据时，调节幅度要合理，尽量使数据点均匀分布；切记每改变一个参数，应等到数据稳定后再读取。

⑤ 进料泵切勿空转！

【实验数据表】

实验数据表见表 4-5、表 4-6。

表 4-5　常压蒸发数据表

实验条件：$p=101.3\text{kPa}$，$R_{主}=12.0\Omega$，$A_1=A_2=A_3=2.64\times10^{-2}\text{m}^2$。

序号	进料量 /(L/h)	预热电压/V	预热温度/℃	主加热电压/V	壁温1/℃	壁温2/℃	壁温3/℃	蒸汽温度/℃	时间/s	浓液罐液位差/m	冷凝罐液位差/m	给热系数 α_1/[W/(m²·℃)]	给热系数 α_2/[W/(m²·℃)]	给热系数 α_2/[W/(m²·℃)]
1														
2														
⋮														

表 4-6　减压蒸发数据表

实验条件：$p=91.3\text{kPa}$，$R_{主}=12.0\Omega$，$A_1=A_2=A_3=2.64\times10^{-2}\text{m}^2$。

序号	进料量 /(L/h)	预热电压/V	预热温度/℃	主加热电压/V	壁温1/℃	壁温2/℃	壁温3/℃	蒸汽温度/℃	时间/s	浓液罐液位差/m	冷凝罐液位差/m	给热系数 α_1/[W/(m²·℃)]	给热系数 α_2/[W/(m²·℃)]	给热系数 α_2/[W/(m²·℃)]
1														
2														
⋮														

4.6　温度校正实验

【实验任务与目的】

① 了解温度的校正方法。
② 利用电桥和标准铂电阻标定热电偶及热电阻，并绘制关系曲线。

【实验基本原理】

在生产制造热电偶或热电阻的过程中，由于生产工艺的限制，很难保证生产出来的热敏元件都具有相同的特性；此外，还由于某些热敏元件自身的特性，如热电偶在低温时具有一定的非线性等原因，故在使用这些热敏元件进行精密测量时，需要先对它们进行校正。即要找到这些元件在不同温度下的测量值与真实值之间的偏差，进而能够对测量值进行修正，使其具有较高的测量精度。其标定的方法因实际需求的不同而异，本实验中，真实温度通过电桥和标准铂电阻测出，温度和电阻值符合关系（$t=a+bR$），被标定的热电偶、热电阻的测量温度由仪表读出，热源温度在 0～100℃ 之间，采用恒温水浴。

【实验装置及流程】

实验装置流程如图 4-6 所示。

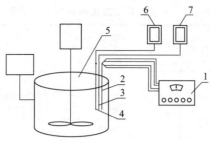

图 4-6　温度校正实验装置流程

1—QJ57p 型直流电阻电桥；2—标准铂电阻；3—热电阻；
4—热电偶；5—水浴；6—热电偶温度表；7—铂电阻温度表

【实验操作要点】

① 接通电源，调整水浴温度恒定在某一数值。

② 测量标准铂电阻的电阻值，计算出当前的标准温度。

③ 通过显示表读出热电阻、热电偶的测量温度值。

④ 调整水浴温度到另一数值，重复②、③步操作。

⑤ 实验结束后，设备复原。关闭电源，清理现场。

【实验注意事项】

① QJ57p 型直流电阻电桥的使用方法请参见相关文献。

② 在使用 QJ57p 型直流电阻电桥时必须保证足够的电量。

【实验数据处理要求】

① 在直角坐标系中绘制被标定的温度计与标准温度计之间的关系曲线，并求取曲线的关系式。

② 实验原始记录表如表 4-7 所示，在数据处理过程中还应做好中间运算表和结果表。

表 4-7　温度标定实验原始记录表

序号	设定水浴温度/℃	标准铂电阻值/Ω	待标定热电偶温度读数/℃	待标定热电阻温度读数/℃
1				
2				
⋮				
10				

【实验思考题】

① 温度表的标定方法主要有哪几种？

② 在测温仪表的标定中，为什么要恒温一定时间才能读取数据？恒温时间如何确定？

【相关知识链接】

标准铂电阻温度与电阻间的关系如表 4-8 所示。

表 4-8 标准铂电阻温度与电阻间的关系

名义温度/℃	实际温度/℃	被测铂电阻的电阻值/Ω
20	20.02	107.808
40	39.95	115.524
60	59.99	123.220
80	79.98	130.854

4.7 压力仪表标定实验

【实验任务与目的】

① 了解压力的校正方法。
② 利用标准压力传感器标定待测压力测量仪表或真空表并绘制关系曲线。

【实验基本原理】

压力表或真空表在长期使用后，测量准确度会发生变化，因此需校正。校正方法是：将标准压力传感器和压力表（或真空表）与缓冲罐相连，由传感器读出标准压力值，由压力表读出测量值，根据偏差对压力表进行校正（做出校正曲线，供实际测量使用）。压力校正范围是 0~200kPa，由压缩机实现；真空度校正范围是 0~100kPa，由真空泵实现。

【实验装置及流程】

实验装置流程如图 4-7 所示。

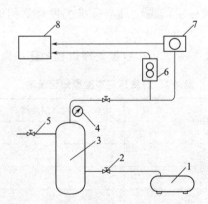

图 4-7 压力仪表标定实验装置流程
1—空气压缩机（真空泵）；2—进气阀；3—缓冲罐；4—压力表；5—排气阀；
6—待标定压力传感器；7—标准压力传感器；8—智能显示仪表

【实验操作要点】

① 接通电源，打开空气压缩机，调整缓冲罐的进气阀和排气阀，使气体进入缓冲罐，并注意观察压力表读数，当压力表的读数达到某一数值（即为最大量程的 80%）时，关闭

空气压缩机。

② 关闭进气阀，等片刻后，待缓冲罐内的气体压力逐渐稳定后，旋转调节阀，读出不同压力下的标准压力数字显示表的压力值和待标定的压力表的数值。

③ 校正真空表时，用真空泵取代压缩机，压力表换为真空表，压力传感器换为真空传感器，方法同上。

④ 实验结束后，关闭空气压缩机电源后，方可离开实验现场。

【实验注意事项】

① 压力校正时，一定要检查传感器是否为压力传感器。
② 真空校正时，务必要检查传感器是否为真空传感器。
③ 读数前要观察并调整标准压力传感器的零点数值。
④ 必须等到缓冲罐中压力稳定后再读数。

【实验数据处理要求】

① 在直角坐标系中绘制出被测压力表与标准压力表的关系曲线，并求出曲线关系式。
② 原始记录表如表 4-9 所示，在数据处理过程中还应做好中间运算表和结果表。

表 4-9　压力标定实验原始记录表　　　　　　　　　　　　　　　　单位：kPa

序号	待标定压力表压力读数	标准压力表读数	待标定真空表压力读数	标准真空表读数
1				
2				
⋮				
8				

【实验思考题】

① 压力表的标定方法主要有哪几种？
② 为什么要等缓冲罐中压力稳定后再读数？

第 5 章 化工原理实验仿真

5.1 仿真技术简介

仿真在实验教学中更具有可操作性和实用性。运用仿真实验的计算技术、图形和图像技术，可以方便、迅速且形象地再现实验教学装置、实验过程和实验结果，这样教师和学生在实验课前就可在计算机上进行模拟"实验"并看到实验的预期结果，使学生对实验内容进行充分的预习，既经济又可多次重复操作，且有助于教师与学生之间的交流和教学质量的提高。

5.2 化工原理实验仿真软件

这里介绍的化工原理实验仿真软件系统，是集北京化工大学化工原理室教师多年的实验教学经验和北京东方仿真控制技术有限公司丰富的仿真技术于一体，联合开发而成，经多届学生实际使用并收到了很好效果的实验仿真软件系统。

化工原理仿真实验有离心泵特性曲线测定、流量计的认识和校核、流体阻力系数测定、传热实验、精馏实验、吸收实验、干燥实验、过滤实验 8 类实验，12 个实验流程。下面简要介绍该软件的操作步骤。

① 点击"开始→程序→东方仿真→化工原理实验仿真系统 2004"，如图 5-1 所示。

图 5-1 打开软件

② 在此画面上点击，可出现如图 5-2 所示实验题目画面。

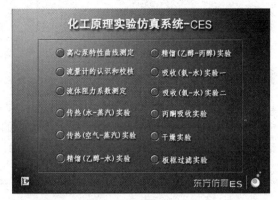

图 5-2　显示实验题目

③ 将鼠标指针移动到要做的实验名称的相应条目上，点击即可启动实验。

5.3　系统功能

下面以流体阻力系数测定实验为例，介绍本软件共有的系统功能，包括菜单的功能和内容、一些共有设备的调节方法以及某些部分的使用方法等。请务必仔细阅读，在以后的实验步骤介绍中，遇到相关的使用方法问题，将不再做单独介绍。

主菜单界面如图 5-3 所示。

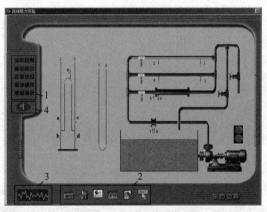

图 5-3　主菜单

主界面的菜单分两部分，包括左侧菜单（图中 1、4 号方框所圈部分）和下方菜单（图中 2、3 号方框所圈部分）。

左侧菜单为系统调用菜单，用于调用主界面以外的其他窗口，包括"实验指导、实验操作、数据处理、教学课件、素材演示"5 项，下面分别做介绍。

实验指导——实验讲义相关内容，包括实验原理、设备介绍、计算公式及注意事项等。

实验操作——详细的操作指导，相当于一般 Windows 程序的帮助文件，可按 F1 键调出。

数据处理——数据处理窗口，包括数据的记录、计算、曲线绘制或公式回归等内容。

教学课件——与实验内容相关的教学课件，采用开放式设计，教师可以用自己制作的课件代替。

素材演示——真实设备的照片、录像等素材的演示。

要启动以上某个窗口，将鼠标指针移动到以上相应项目上点击即可。

下方菜单为系统功能菜单，包括一些系统的设置以及一些实验的功能，有"自动记录、参数设置、思考题、网络控制、授权中心、退出"6项，下面分别加以介绍。

——自动记录，可以自动记录下当前的实验数据，储存在数据处理的原始数据部分，但需要在授权中心获得授权。

——参数设置，可以修改当前实验的设备参数或实验条件，但需要在授权中心获得授权。

——思考题，与实验有关的标准化试题测试以及实验操作的评分，采用开放式设计，教师可以加入自己编的思考题，具体方法在后面有具体介绍。

——网络控制，可通过连接教师站获得实验配置信息、提交实验报告。

——授权中心，用于向用户提供各种权利的授权。

——退出，退出实验到实验菜单（实验上篇或实验下篇）。

要使用以上功能，可将鼠标指针移动到相应的项目上，菜单左侧的说明框（图中方框3所圈部分）会出现文字说明，点击即可。

图中方框4所圈部分为软件的信息，包括软件的版本号、开发人员等内容，点击可出现信息窗口。

下面详细介绍各项功能。

5.3.1 授权中心的使用

点击图5-3所示下方菜单的"授权中心"按钮，出现授权中心界面，如图5-4所示。将鼠标指针放在左边的一按钮上，右边的文本框中即显示出该按钮功能的说明。

图5-4 授权中心界面

点击"授权"按钮，即弹出密码输入框，输入正确密码后，系统就会确认操作者拥有配置的权限，如图 5-5 所示，选择需要的权限，点击"确定"按钮。

图 5-5 权限选择

点击"保存设置"按钮，弹出"保存配置"对话框，如图 5-6 所示，需要输入配置文件名和密码，该密码为以后加载该实验时所要求输入的密码。输入完成后点击"确定"按钮即可完成配置。对话框最下方的文本框中列出了当前可用的配置文件名称，默认有两个，当实验开始时，系统自动加载名为"User"的配置文件，此用户只拥有最基本的功能。"Administrator"配置文件拥有系统所有的功能，为最高权限的用户。

点击"加载设置"按钮，弹出"加载配置文件"对话框，其上方文本框中为当前可用的配置列表，点击要加载的配置文件名称，在密码框中输入密码，按回车键即可，如图 5-7 所示。

图 5-6 "保存配置"对话框

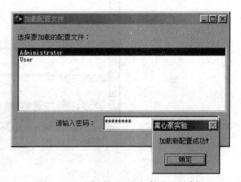

图 5-7 "加载配置文件"对话框

5.3.2 思考题测试的使用方法

点击图 5-3 所示下方菜单的"思考题"按钮，会出现思考题登录窗口，输入班级和学号后点击"确定"按钮进入思考题主界面，如图 5-8 所示。

思考题均为标准化试题，其中上方淡绿色文字为题干，下方方框中所列的为备选答案，答题时只需在要选答案的前面的小方框中点击就可以画上一个小对钩，表示已选择，再次点击后，小对钩消失，表示不选择。选择完一道题答案后可以点击窗口右侧的"上一题"或"下一题"按钮上下翻动题目。右上角的图片框表示共有 10 道题，当前为第 1 题。点击"重新加载"按钮可刷新思考题，重新开始答题。

点击"评分"按钮,可查看思考题得分与实验操作评分,如图 5-9 所示。

图 5-8　思考题主界面

图 5-9　思考题得分与实验操作评分界面

点击"文件管理"按钮,可编辑思考题及答案,此功能需在授权中心获得授权,如图 5-10 所示。思考题编辑器列出了思考题文件的名称、题目及答案。右边的小对钩表示该项为正确答案。当编辑完成后,点击"保存"按钮即可保存思考题的更改。

图 5-10　"思考题编辑器"界面

点击"结束"按钮返回主界面。

5.3.3　参数配置功能的使用

在授权中心获得设备管理的授权后,点击图 5-3 所示下方菜单的"参数设置"按钮,弹出参数配置界面,如图 5-11 所示,选择所需要的离心泵型号,点击"确定"按钮即可。

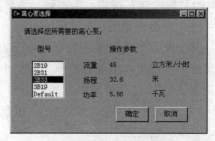

图 5-11　参数配置界面

5.3.4 数据处理的使用

点击图 5-3 所示左侧菜单中的"数据处理"按钮,弹出"数据处理"窗口,如图 5-12 所示。可在原始数据窗口中直接填入数据,如使用自动记录功能,系统会自动填入数据。

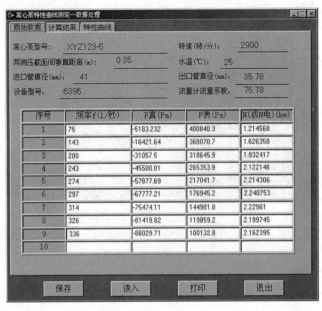

图 5-12 "数据处理"窗口

(1) 数据计算

填好数据后,如果不采用"自动计算"功能,则可以在原始数据页找到计算所需的参数;如果要使用"自动计算"功能,在相应的计算结果页点击"自动计算",数据即可自动计算并自动填入,如图 5-13 所示。

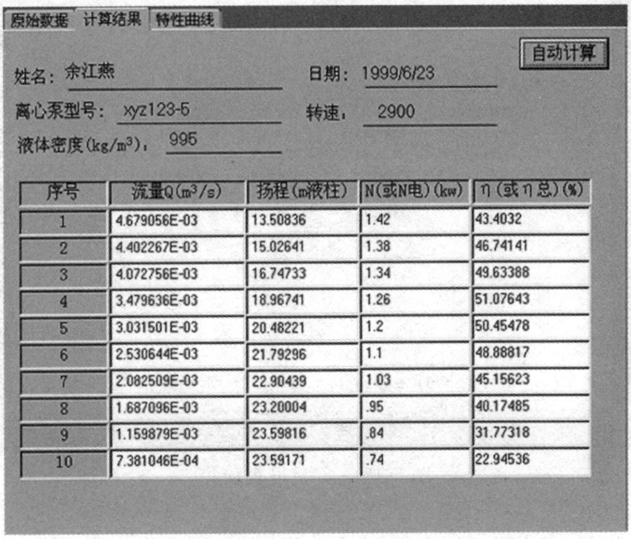

图 5-13 自动计算结果

(2) 特性曲线绘制

计算完成后，在特性曲线页点击"开始绘制"按钮，即可根据数据自动绘制出曲线如图 5-14 所示。

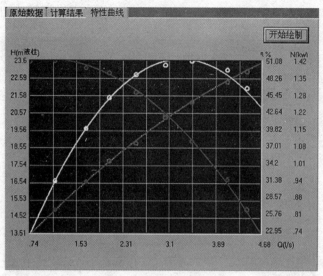

图 5-14 特性曲线绘制

5.3.5 实验报告

① 点击"数据处理"窗口下面一排按钮中的"打印"按钮，即可调出实验报表窗口，如图 5-15 所示。

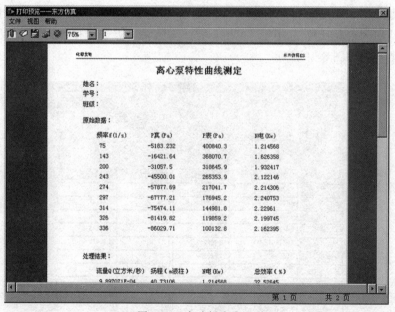

图 5-15 实验报表窗口

② 点击数据处理窗口下面一排按钮中的"保存"按钮，可保存原始数据到磁盘文件，并可点击"读入"按钮读入该数据文件，如图 5-16 所示。

图 5-16　读入数据文件

5.3.6　网络控制（学生站）

点击图 5-3 所示下方菜单的"网络控制"按钮，弹出"连接"对话框，如图 5-17 所示。

输入服务器的 IP 地址和端口号（可由教师站获得），填写姓名、学号，点击"连接服务器"按钮，过一段时间后，即可联入服务器，如图 5-18 所示。

图 5-18 中显示当前正准备接收来自服务器的信息，此时教师站即可向该学生站发送配置信息，当学生站接收完信息后，会有提示信息，如图 5-19 所示。

当服务器确认实验配置信息传送正确后，会传递开始实验的信息，如图 5-20 所示。

图 5-17　"连接"对话框

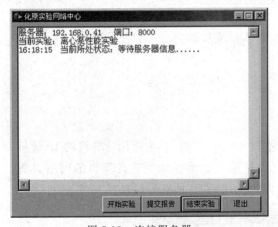

图 5-18　连接服务器

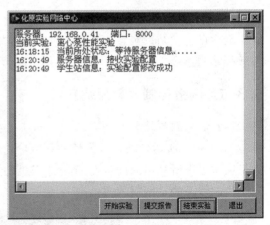

图 5-19　接收信息

最小化此窗口，**注意不要关闭窗口**，开始实验（此时如点击"开始实验"按钮可向教师站回传开始实验的信息）。

当实验结束，并生成实验报告，做完所有思考题后，点击"提交报告"按钮，将出现一个选择文件窗口，如图 5-21 所示，选择生成的实验报告文件，点击"打开"按钮，即可将此文件传到教师站上。

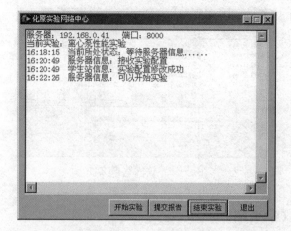

图 5-20　开始实验信息

图 5-21　选择要提交的报告

最后点击"结束实验"按钮,可向教师站传送本次实验的得分,以及结束信息,并断开与教师站的连接。

5.3.7　网络控制(教师站)

(1) 启动教师站

如图 5-22 所示,端口号为任一数值,建议使用 8000;主机 IP 为所用计算机的 IP 地址,如果文本框中所列出的地址与所用计算机的 IP 地址不符,请仔细检查计算机的网络设置。当学生站登录时,所用的主机 IP 地址与端口号即为上述的 IP 地址与端口号。

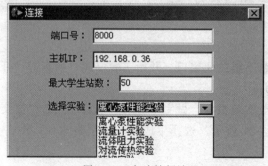

图 5-22　启动教师站

最大学生站数为主机所能支持的最多学生站的数目，请根据实际情况填写。

选择要进行的实验名称，点击"启动服务器"按钮，即可启动服务器。

(2) 编辑实验配置

点击"实验-编辑实验配置"或左边的"编辑"按钮即可打开编辑实验配置界面，如图5-23所示。

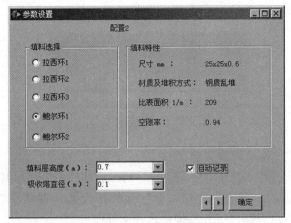

图 5-23　编辑实验配置界面

程序共可记录 5 组实验配置，分别为配置 1～5，点击右下方的向前"▶"或向后"◀"按钮可浏览和编辑各组实验配置，完成实验配置后点击确定按钮退出编辑界面。

注： 只有编辑完配置后才能向学生站发送配置信息，否则学生站将收到错误的信息。

(3) 发送配置

编辑实验配置后，即可向学生发送特定的配置信息。首先，选定接收信息的学生站，如图 5-24 所示。

图 5-24　发送配置信息

点击要接收信息的学生的姓名旁的选项框，当框中有小对钩时，表明该学生已被选定。重复该步骤可选定多个学生。

选择学生完毕后，点击上方工具栏上的"发送?"按钮（"?"为数字 1～5，代表配置

第 5 章　化工原理实验仿真　**133**

1~5），发送相关的配置信息。

如果学生站成功接收信息，将在实验状态栏中显示"接收实验配置完毕"的信息。

（4）发送消息

教师站可向学生站发送特定的信息，点击图 5-24 所示上方工具栏上的"开始"和"交卷"按钮可通知学生开始实验和结束实验。如果要发送其他信息，请点击"通知"按钮，即可弹出一输入框，如图 5-25 所示，填写要发送的信息，点击确定即可。

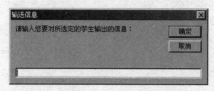

图 5-25　发送消息

（5）查看与保存学生成绩以及实验报告

学生完成实验，状态栏上会显示完成实验，同时成绩栏中会显示其成绩，如要查看学生的实验报告，点击左边的"报表"按钮，学生站的报表默认存储在教师站安装目录的 \Report 文件夹下，点击报表的"打开"按钮选择文件即可。

5.3.8　电源开关的使用

实验设备的电源开关有两种，如图 5-26 所示。

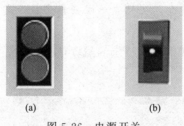

图 5-26　电源开关

如图 5-26（a）所示开关，要接通电源，可点击绿色按钮；要关闭电源，可点击红色按钮。如图 5-26（b）所示开关，现在处于关闭状态，要打开时可用鼠标点击，关闭时再次点击即可。

5.3.9　阀门的调节

阀门是实验过程中经常要调节的设备，下面介绍它的调节方法。点击可调节的阀门会出现阀门调节窗口，如图 5-27 所示。

图中方框 `0` 显示数字为阀门开度，范围是 0~100。要增加开度，可点击 ▲，每次增加 5 开度；要减少开度，可点击 ▼，每次减小 5 开度；也可以在开度显示框中直接输入所需的开度，然后在窗口内用鼠标右键点击关闭窗口即可。注意，如果用鼠标左键点击窗口右上角的"✖"关闭窗口，则输入的开度将不会被应用。另外，如果输入的开度小于 0，按 0 计；大于 100，按 100 计。

图 5-27　阀门调节窗口

5.3.10　压差计读数

实验中的压差计在设备图中都比较小，用鼠标左键点击即可放大，如图 5-28 所示，右键点击恢复。

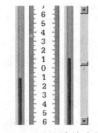

图 5-28　压差计放大图

压差计中的介质有很多种，颜色各不相同，为了便于读数，把介质的颜色统一为红色，但是其中的介质种类要以具体实验为准。用鼠标指针拖动滚动条可以读取压差计两边的液柱高度，即可得到两边液柱的高度差，进而求得压差。

第 6 章

化工原理实验室常用仪器的使用方法

6.1 变频器

西门子 Micromaster420 变频器可以控制各种型号的三相交流电动机。该变频器由微处理器控制,具有很高的运行可靠性和功能多样性。在设置相关参数后,可以用于许多高级的电动机控制系统中。

在化工实验室中,一般无须对电动机进行复杂的控制,故不需要更改变频器的内部参数,只在控制面板上即可实现对电动机及变频器的普通操作。

6.1.1 面板说明

变频器的控制面板如图 6-1 所示。

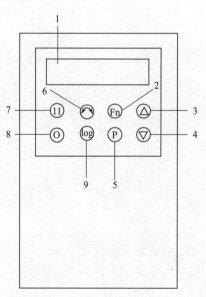

图 6-1 变频器控制面板

1—状态显示框;2—功能键;3—增加数值键;4—减少数值键;5—访问参数键;
6—改变转向键;7—变频器启动键;8—变频器停止键;9—电动机点动键

6.1.2 变频器的简易操作步骤

① 电动机的参数已经设入变频器内部的记忆芯片，因此，启动变频器时无须对水泵的参数进行设置。

② 对于远程控制模式（即通过计算机控制变频器），需将变频器参数 P07000 和 P1000 设为 5，具体操作如下：按编程键 P，数码管显示 r0000，按△键直到显示 P0700，按 P 键显示旧的设定值，按△或▽键直到显示为 5；按 P 键将新的设定值写入变频器，数码管显示 P0700，按△键直到显示 P1000，按 P 键显示旧的设定值，按△或▽键直到显示为 5；按 P 键将新的设定值输入，数码管显示 P1000，按▽键返回到 r0000，按 P 键退出，即完成设定，可投入运行。

③ 对于手动控制模式（即用变频器的面板按钮进行控制），需将变频器参数 P0700 和 P1000 设为 1。具体操作如下：按编程键 P，数码管显示 r0000，按△键直至显示 P0700，按 P 键显示旧的设置值，按△或▽键直至显示为 1；按 P 键将新的设定值输入，再按△键直至显示 P1000，按 P 键显示旧的设定值，按△或▽键直至显示为 1。按 P 键将新的设定值输入，按▽键返回到 P1000，按 P 键退出，即完成设定，可投入运行。此时，显示器将交替显示 0.00 和 5.00。然后再按下启动键，即可启动变频器，按△键可增加频率，按▽键可降低频率，按停止键（面板上的红色按钮）则停止变频器。

6.1.3 注意事项

① 正常运行时 P0010 应设置为 0。

② 为了防止操作失误，通常应将 P0003 设为 0，但调整参数及改变控制模式时，应将 P0003 设为 2。

③ 其他操作要点及参数说明详见变频器使用说明书。

6.1.4 操作示范

欲将变频器调到 40Hz 需注意以下几点。

① 按运行键（BOP 板上绿色按钮）启动变频器，几秒钟后，液晶版面上将显示 50.00 或 5.00，表示当前频率为 50Hz 或 5Hz。

② 按△键可增加频率，液晶板上数值开始增加，直至显示为 40.00 为止。

③ 按停止键（BOP 板上红色按钮）停止变频器。

6.2 AI 人工智能调节器

AI 人工智能调节器是种应用范围广、功能较强的仪表。在此仅针对化工原理实验中所涉及的基本功能和基本操作做以简单的说明。

6.2.1 面板说明

AI 人工智能调节器面板如图 6-2 所示。

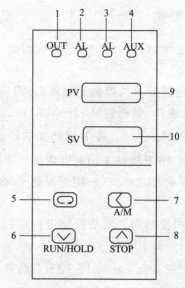

图 6-2　AI 人工智能调节器面板

1—调节输出指示灯；2—报警 1 指示灯；3—报警 2 指示灯；4—AUX 辅助接口工作指示灯；
5—显示切换（兼参数设置进入）；6—数据位移（兼手动/自动切换及程序设置进入）；
7—数据减少键（兼程序运行/暂停操作）；8—增加键（兼程序停止操作）；
9—测量值显示窗；10—设定值显示窗

6.2.2　基本操作

(1) 显示切换

按 ◻ 键可以切换不同的显示状态。

(2) 修改数据

如果参数没锁上，均可以通过 ◁、▽ 或 △ 键来修改显示窗口显示的数值。AI 仪表同时具备数据快速增减和小数点位移法。按 ▽ 键减少数据，按 △ 键增加数据，可修改数值位的小数点同时闪动（如同光标）。按键并保持不放，可以快速地增加/减少数值，并且速度会随小数点右移自动加快（3 级速度）。而按 ◁ 键则可直接移动修改数据的位置（光标），操作快捷。

(3) 设置参数

按 ◻ 键并保持约 2s，即进入参数设置状态。在参数设置状态下按 ◻，仪表将依次显示各个参数，对于配置好并锁上参数锁的仪表，只出现操作中需要用到的参数（现场参数）。用 ◁、▽、△ 等键可以修改参数值。按 ◁ 键并保持不放，可返回显示上一参数。先按 ◁ 键不放，接着再按 ◻ 键可以退出设置参数状态。如果没有按键操作，约 30s 后自动退出设置参数状态。如果参数被锁上（后文介绍），则只能显示被 EP 参数定义的现场参数，而无法看到其他参数。不过，至少能看到 LOC 参数显示。

6.2.3　AI 人工智能调节器及自整定 (AT) 操作

AI 人工智能调节算法是采用模糊规则进行 PID 调节的一种新型算法，在误差大时，运用模糊算法进行调节，以消除 PID 饱和积分现象；当误差趋于小时，采用改进后的 PID 算法进行调节,并能在调节中自动学习和记忆被控对象的部分特征以使效果最优化。它具有无超调、精度高、参数确定简单、对复杂对象也能获得较好的控制效果等特点。

AI 系列调节仪表还具备参数自整定功能,AI 人工智能调节方式初次使用时,可启动自整定功能来协助确定 M5、P、t 等控制参数。初次启动自整定时,按⟨键并保持约 2s,此时仪表下显示器将闪动显示"At"字样,表明仪表已进入自整定状态。自整定时,仪表执行位式调节,经 2~3 次振荡后,仪表内部微处理器根据位式控制产生振荡,分析其周期、幅度及波型,从而自动计算出 M5、P、t 等控制参数。如果在自整定过程中提前放弃自整定,可再按⟨键并保持 2s,使仪表下显示器停止闪动"At"字样即可。视不同系统,自整定需要的时间可从数秒至数小时不等。仪表在自整定结束后,会将控制参数 Ctrl 设置为 3(出场时为 1)或 4,这样今后将无法从面板再按键启动自整定,可以避免人为的误操作再次启动自整定。启动过一次自整定功能的仪表如果今后还要启动自整定时,可用将控制参数 Ctrl 设置为 2 的方法进行启动。

系统在不同给定值下整定得出的参数值不完全相同,执行自整定功能前,应先将给定值设置在最常用值或是中间值上。如果系统是保温性能好的电炉,给定值应设置在系统使用的最大值上,再执行启动自整定的操作功能。参数 CtI(控制周期)及 dF(回差)的设置,对自整定过程也有影响,一般地,这两个参数的设置越小,理论上自整定参数准确度越高。但 dF 如果越小,则仪表可能因输入波动而在给定值附近引起位式调节的误动作,这样反而可能整定出彻底错误的参数。推荐 CtI=0~2,dF=0.3(AI-7.8T 型仪表推荐 dF=0.8)。此外,基于需要学习的原因,自整定结束后初次使用的控制效果可能不是最佳,需要使用一段时间(一般与自整定需要的时间相同)后方可获得最佳效果。

AI 仪表的自整定功能具有较强的准确度,可以满足超过 90% 用户的使用要求。但是由于自动控制对象的复杂性,对于一些特殊场合,自整定出的参数可能并不是最佳,所以也可能需要人工调节 MPT 参数。具体操作见说明书。

6.2.4 功能及设置

(1) 回差(0~200.0℃ 或 0~2000℃)定义单位

回差用于避免因测量输入值波动而导致位式调节频繁通/断或报警产生/解除。

例如,dF 参数对上限报警控制的影响如下,假定上限报警参数 HIAL 为 800℃,dF 参数为 2.0℃。

① 仪表在正常状态,当测量温度值大于 802℃(HIAL+dF)时,进入上限报警状态。

② 上限报警状态,当测量温度值小于 798℃(HIAL−dF)时仪表解除报警状态。

例如,仪表在采用位式调节或自整定时,假定给定值 SV 为 700℃,dF 参数设置为 0.5℃,以反作用调节(加热控制)为例。

① 输出在接通状态,当测量温度值大于 700.5℃(SV+dF)时关断。

② 输出在关断状态,当测量温度值小于 699.5℃(SV−dF)时,重新接通加热。

(2) 控制方式(0~5)

Ctrl=0,采用位式调节(ON−OFF),只适合要求不高的场合进行控制时采集。

Ctrl=1,采用 AI 人工智能调节/PID 调节,该设置下允许从面板启动执行自整定功能。

Ctrl=2,启动自整定参数功能,自整定结束后,自动设置为 3。

Ctrl=3，采用 AI 人工智能调节，自整定结束后，仪表进入该设置，该设置下不允许从面板启动自整定参数功能，以防止误操作重复启动自整定。

(3) dIP 小数点位置（0～3）

当线性输入时，定义小数点位置，以配合用户习惯的显示数据。

dIP=0，显示格式为 000，不显示小数点。

dIP=1，显示格式为 000.0，小数点在十位。

dIP=2，显示格式为 000.00，小数点在百位。

dIP=3，显示格式为 000.000，小数点在千位。

(4) Sn 输入格式（0～37）

Sn 用于选择输入格式，其数值对应的输入规格如表 6-1 所示。

表 6-1　Sn 输入格式

Sn	输入格式	Sn	输入格式
0	K	28	0～20mV 电压输入
1	S	29	0～100mV 电压输入
2	备用	30	0～60mV 电压输入
3	T	31	0～1V
4	E	32	0.2～1V
5	J	33	1～5V 电压输入
6	B	34	0～5V 电压输入
7	N	35	−20～20mV
21	Pt100	36	−100～100mV
22～25	备用	37	−5～5V

注：K、S、T、E、J、B、N 为热电偶。

(5) dIL 输入下限显示值（−1999～9999℃或 1 定义单位）

用于定义线性输入信号下限刻度值，对外给定、变送输出、光柱显示均有效。

(6) dIL 输入上限显示值（−1999～9999℃或 1 定义单位）

用于定义线性输入信号上限刻度值，与 dIL 配合使用。

(7) Sc 主输入平移修正（−1999～40000.1℃或 1 定义单位）

Sc 参数用于对输入进行平移修正，以补偿传感器或输入信号本身的误差。对于热电偶信号而言，当仪表冷端自动补偿出现误差时，可利用 Sc 参数进行修正。例如，假定输入信号保持不变，Sc 设置为 0.0 时，仪表的测量温度为 500.0℃；当仪表 Sc 设置为 10.0 时，仪表测量温度为 510.0℃。Sc 参数通常为 0.0。该参数仅当用户人为测量需要重新校正时才能进行调整。

(8) Addr 通信地址（0～100）

当仪表辅助功能模块用于通信时（安装 RS485 通信接口，bAud 设置范围应为 300～19200），Addr 参数用于定义仪表通信地址，有效范围为 0～100。在同一条通信线路上的仪表应分别设置一个不同的 Addr 值以便相互区别。

(9) bAud 通信波特率（0～19.2K）

当仪表 COMM 模块接口用于通信时，以 bAud 参数定义通信波特率，定义范围可为

300~19200bit/s（19.2K）。

以上仅对 AI 人工智能调节器的功能进行简要的说明，若使用者希望更详细地了解 AI 人工智能调节器，请参阅相关资料。

6.2.5 使用举例

① Pt100 测温：Sn=21。
② K 型热电偶测温：Sn=0。
③ 人工智能调节控温：控制温度为 100℃，SV=100，Ctrl=1。
④ 位式调节控温：控制温度为 (100±0.3)℃，SV=100，dF=0.3，Ctrl=0。
⑤ 压力传感器测压：压力为 0kPa 时，压力传感器输出为 0mV；压力为 50kPa 时，压力传感器输出为 20mV；要求仪表显示数值小数点后两位，单位为 kPa，则 Sn=28，dIP=2，dIL=0，dIH=50。

6.3 阿贝折射仪

阿贝折射仪可测定透明、半透明的液体或固体的折射率，使用时要配以恒温水浴，其测量温度范围为 0~70℃。折射率是物质的重要光学性质之一，通过使用本仪器能了解物质的光学性能、纯度或浓度等参数，故阿贝折射仪现已广泛应用于化工、制药、轻工和食品等相关企业、院校和科研机构。

6.3.1 工作原理与结构

阿贝折射仪的基本原理为折射定律（如图 6-3 所示）。

$$n_1 \sin\alpha_1 = n_2 \sin\alpha_2$$

式中 n_1，n_2——相界面两侧介质的折射率；
α_1，α_2——入射角和折射角。

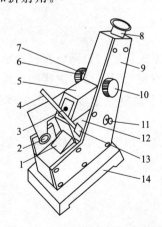

图 6-3 阿贝折射仪结构示意图

1—反射镜；2—转轴；3—遮光板；4—温度计；5—进光棱镜座；6—消色散调节手轮；7—色散值刻度盘；8—目镜；9—盖板；10—锁紧轮；11—聚光灯；12—折射棱镜座；13—温度计座；14—底座

若光线从光密介质进入光疏介质,则入射角小于折射角。改变入射角度,可使折射角达 90°,此时的入射角被称为临界角,本仪器测定折射率就是基于测定临界角的原理。如果用视镜观察光线,可以看到视场被分为明暗两部分(如图 6-4 所示),两者之间有明显的分界线,明暗分界处即为临界角位置。

阿贝折射仪根据其读数方式大致分为单目镜式、双目镜式及数字式 3 类。虽然读数方式存在差异,但其原理及光学结构基本相同,以下仅以单目镜式为例加以说明。

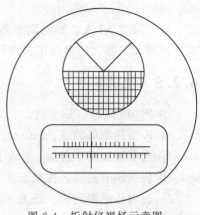

图 6-4　折射仪视场示意图

6.3.2　使用方法

(1) 恒温

将阿贝折射仪置于光线充足的位置,并用软橡胶管将其与恒温水浴连接,然后开启恒温水浴,调节到所需要的测量温度,待恒温水浴的温度稳定 5min 后,即可开始使用。

(2) 加样

将辅助棱镜打开,用擦镜纸将镜面擦净后,闭合棱镜,用注射器将待测液体从加样孔中注入,锁紧锁钮,使液层均匀,充满视场。

(3) 对光和调节

转动手柄,使刻度盘的示值为最小,调节反射镜,使测量示镜中的视场最亮,再调节目镜,至准丝清晰。转动手柄,直至观察到视场中的明暗界限,此时若交界处出现彩色光带,则应调节消色散手柄,使视场内呈现清晰的明暗界线。将交界线对准准丝交点,此时,从视镜中读得的数据即为折射率。

(4) 整理

测量结束后,先将恒温水浴电源切断,然后将棱镜表面擦干净。如长时间不用,应卸掉橡胶管,放净保温套中的循环水,将阿贝折射仪放到仪器箱中存放。

6.3.3　注意事项

① 在测定折射率时,要确保系统恒温,否则将直接影响所测结果。
② 若仪器长时间不用或测量有偏差时,可用溴代萘标准试样进行校正。
③ 保持仪器的清洁,严禁用手接触光学零件。光学零件只允许用丙酮、二甲醚清洗,并用擦镜头纸轻轻擦拭。
④ 仪器严禁被激烈振动或撞击,以免光学零件受损,影响其精度。

第 7 章 化工原理实验常用程序

7.1 VBA 编程基础

Microsoft Word Visual Basic、Microsoft Excel Visual Basic、Microsoft Access Visual Basic、Microsoft PowerPoint Visual Basic，通常统称为 Visual Basic for Applications，简称 VBA。本章将中文版 Microsoft Excel 2003 的 Microsoft Excel Visual Basic（Visual Basic for Applications 6.0）亦简称 VBA。

中文版 Microsoft Excel 2003 的 VBA（中文版 Visual Basic 6.0 的子集）是非常流行的应用程序设计语言，除了具有 Visual Basic 的大部分优点外，还具有自身独特之处，更简单、方便、易学、实用。

7.1.1 VBA 程序组成

① 由若干行组成，每一语句行可有多个语句，每一语句行的多个语句之间必须用半角冒号（:）隔开。
② 语句行可无行号。有行号时，行号仅作为行标志（标号），并不代表执行顺序。
③ 每个语句都有一个语句关键字开始（有的可省略，如 Let 关键字）。
④ 通常一个程序的主控制程序应以"Sub 过程名（）"开头，以"End Sub"结束。这里的"（）"中无参数，为空括号。
⑤ 可用语句标号，如：aa: 或 10、20 等。注意，字母（包括汉字）开头的标号后边要加一个冒号。
⑥ 结构化，由子模块（Sub 过程或 Function 过程）构成。
⑦ 有非执行语句，如"Rem"（可用半角单撇号"'"代替）。

7.1.2 Excel 环境下用 VBA 编程

(1) 设定宏安全性等级为最低

首先，打开 Excel 的一个工作簿，然后设定宏安全性等级为最低。

操作：工具→宏→安全性，出现"安全性"对话框，如图 7-1 所示，选中"低"选项，点击"确定"按钮。

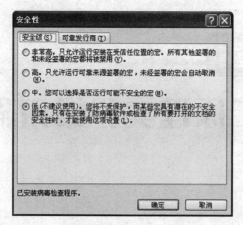

图 7-1　设定宏安全性等级

注意：用 VBA 编程，应当设定宏安全性等级为"低"或"中"，一般不要选择"高"。

(2) 进入 Visual Basic 编辑器

操作：工具→宏→Visual Basic 编辑器。

(3) 插入模块并进入代码窗口

操作：插入→模块。此时进入代码窗口。

(4) 输入程序

以"Sub 过程名（）"开头，然后是程序（过程体），以"End Sub"结尾。实际上，当写完过程头"Sub 过程名（）"并按 Enter 键后，过程尾"End Sub"是自动产生的。

过程名必须以汉字或英文字母开头。过程名称里可用汉字、英文字母、数字、下划线等，但过程名中不能包含空格、句号、惊叹号，也不能包含字符@、&、$、#等。

注意：不要用程序中的变量名作为过程名。

特别注意：根据作者的经验，过程名要尽量避开使用单元格的默认名称或命名名称，如 A1、X5、HY100 等，以免造成不必要的麻烦。

通常，这个无参数的 Sub 过程，称作"宏"。相应地，这个"过程名"也称作"宏名"。

(5) 保存程序

保存工作簿即可保存程序，使用时打开这个工作簿。方法与使用 Word 保存文件相同。

(6) 程序输出

程序既可在工作表中输出，又可在立即窗口输出。如果在立即窗口输出，必须打开立即窗口，方法：在 Visual Basic 编辑器中，点击视图→立即窗口。

(7) 运行程序

光标放在程序中的任一个地方，点击：运行→运行子过程；或按 F5 功能键；或点击 VB 编辑器的"标准"工具栏的"运行宏"按钮，程序即可运行。或者在工作表界面操作：工具→宏，出现"宏"对话框，如图 7-2 所示。选中要运行的程序名，点击

图 7-2　"宏"对话框

"执行"按钮即可。

【例 7-1】 在活动工作表 A 列有若干个数据，设计一 VBA 程序，在 B3:G3 五个单元格中依次输出这批数据的平均值、标准差、样本容量、最大值和最小值。

程序：

```
Sub 统计()
  [C3:G3] = Array("= AVERAGE(A:A)", "= STDEV(A:A)",   _
             "= COUNT(A:A)", "= MAX(A:A)", "= MIN(A:A)")
End Sub
```

本程序的过程体实际为一行单个语句，由于太长，可在适当地方用"空格"＋"下划线"＋"Enter"断开（产生的符号"_"称为续行符），使其看起来更方便。断开的行首可加任意个空格。

本程序的"[C3:G3] ＝Array（…）"为 VBA 语言，而括号内的字符串（公式）是用户语言，"[C3:G3]"是"Range（" C3:G3"）"的简写形式。

本程序的实例数据和运行程序输出结果如图 7-3 所示。改变 A 列数据（如再加 3 个数），输出的五个结果相应地改变，而不必再次运行程序。程序具有智能化的特点。

	A	B	C	D	E	F	G
1							
2	4		**平均值**	**标准差**	**样本容量**	**最大值**	**最小值**
3	2		4	2	3	6	2
4	6						
5							
6							

图 7-3 [例 7-1] 实例数据和运行程序输出结果

图 7-3 中的粗体文字是在工作表中直接输入的，当然可在程序中输入，读者可试着加一条语句 [[C2:G2] ＝Array（"平均值","标准差","样本容量","最大值","最小值"）]，完成这一功能。

7.1.3 Excel 的 Visual Basic 编辑器

编制程序时，要经常同 Visual Basic 编辑器打交道，故有必要在这一节中进一步认识 Visual Basic 编辑器。Visual Basic 编辑器用来编辑程序或制作更高级的整合性应用程序，附属于 Excel 之下，使用较少的系统资源，达到编辑应用程序的目的。

(1) 打开 Visual Basic 编辑器的方法

在 Excel 的工作表界面，打开 Visual Basic 编辑器的方法有多种。

操作：① 工具→宏→Visual Basic 编辑器。

② 或直接按快捷键 Alt＋F11。

开始的 Visual Basic 编辑器如图 7-4 所示。

(2) 选中所需的工程

如选中当前使用的工程（工程就是模块的集合，包括用户对话框、Excel 中的工作表以及图表工作表、模块等），本工作簿的名称为"VB 编辑器"，点击"VBAProject（VB 编辑器 . xls）"即可，如图 7-4 所示。

注意：如果没有选中所需的工程，在打开的工程较多时，直接插入模块会插入到当前的

图 7-4 开始的 Visual Basic 编辑器

工程中。

(3) 打开有关窗口

操作：插入→模块，进入模块并打开代码窗口；视图→立即窗口，打开立即窗口。此时的 Visual Basic 编辑器如图 7-5 所示。

图 7-5 正在使用的 Visual Basic 编辑器

(4) 模块重新命名

在 Visual Basic 编辑器中可以为模块重新命名，命名遵循变量的命名规则。例如，将"模块1"重新命名为"统计程序"，**操作**：激活"属性"窗口的名称编辑栏→删除原名称"模块1"→输入新名称"统计程序"→Enter 键。

(5) 进行有关设置

有时需要改变代码的文字大小等设置，如设置代码文字字号为"16"，**操作**：工具→选项→出现"选项"对话框→选中"编辑器格式"选项卡→在"大小"编辑栏输入"16"→Enter。此时，代码窗口的文字字号大小均变为设置值。

(6) 输入程序

激活（双击）所要用的模块，如前所说的"统计程序"。然后在代码窗口输入程序，如图 7-6 所示。程序过程间的分隔线是在输入下一个过程的过程头时就自动产生的。

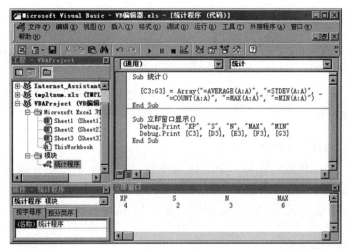

图 7-6　在 Visual Basic 编辑器中输入程序及在立即窗口输出结果

7.1.4　编辑及运行程序

7.1.4.1　编辑程序

编辑程序同处理 Word 文档基本相似。另外，需要注意以下两点。

① 使用续行符。即长语句行可在语句的适当处用"空格"＋"下划线"＋"Enter"断开一行或多行，便于阅读，如［例 7-1］所示。

② 书写程序时，尽量采用缩进格式（按 Tab 键缩进），使程序结构清晰，便于阅读。

7.1.4.2　运行程序

(1) 在 Visual Basic 编辑器中运行程序

将光标的插入点放到所要运行程序的任意位置，**操作**：运行→运行子过程，或直接按 F5 功能键，程序即可运行。当在立即窗口中有输出时，用这种方法较好。

(2) 在工作表界面运行程序

操作：工具→宏，或直接按 Alt＋F8 组合键，进入"宏"对话框（如图 7-2 所示），选中所要运行的过程名→执行。当在工作表中有输出时，用这种方法较好。

(3) 创建自定义按钮运行程序

可以由自定义按钮运行宏。若创建自定义按钮，操作如下。

① 工具→自定义，出现"自定义"对话框。

② 点击"命令"选项卡，然后在"类别"列表框中点击"宏"选项。在"命令"列表框中将"自定义按钮"☺拖至所需工具栏。

③ 右击"自定义按钮"☺，然后单击快捷菜单中的"指定宏"命令。

④ 在"宏名"编辑框中，输入需要的宏的名称，然后关闭"自定义"对话框即可。

此时，点击这个"自定义按钮"☺，刚才指定的宏立即运行。当某个程序需要频繁运行时，用这种方法较好。

7.1.4.3 中断程序运行

如果程序正在运行时需要停止运行，或程序进入"死循环"，可按 Ctrl+Break 组合键中断程序运行。

说明：通常，一个程序的主控制程序［以"Sub 过程名（）"开头。"（）"中无参数，为空括号］可直接运行。

【**例 7-2**】 运行图 7-6 所示的程序。
操作：打开一个工作簿，在第一个工作表中的 A2～A4 单元格分别输入 4、2、3、6，在 Visual Basic 编辑器中，插入模块，输入如图 7-6 所示的两个程序，运行程序"统计"，运行结果如图 7-3 所示；运行程序"立即窗口显示"，结果如图 7-6 所示。

7.2 实验数据的 Excel 图示方法

利用 Excel 的图表功能可以非常方便地将表格中的数据转化为图。

7.2.1 图表的基本概念

在 Excel 中，根据工作表上的数据生成的图形仍然存放在工作表上，这种含有图形的工作表称为图表。当与图形关联的工作表上的某个或几个数据发生变化时，图形也相应地改变，而不需要重新绘制。这个功能是非常有用的，使得用非程序设计语言编程进行数据处理变得非常简单。

7.2.1.1 图表的几个术语

(1) 数据点

图表中独立的点称为数据点。数据点在图表中的位置是由作图数据（工作表单元格中的数据）来决定的，正如在直角坐标系绘出点 (x, y) 一样。在图表中，可以使用不同颜色、不同符号（如三角、方块、圆圈、菱形等）来表示数据点，从而增强图表的直观性。

(2) 数据系列

绘制在图表中的一组相关数据点称为一个数据系列。图表中的每一数据系列都具有特定的颜色和图案，并在图表的图例中被描述。

(3) 坐标轴

在建立图表时，用 X 轴代表水平轴，用 Y 轴代表垂直轴。在实际应用中，可为坐标轴 X、Y 起任何名称或不起名称。

(4) 图表标题

图表标题即用来标明图表内容的文字。

7.2.1.2 图表的分类

图表的种类很多，用户可根据实际需要选择图表类型，以便更清楚地反映数据的差异和变化，从而更有效地反映数据。图表主要类型如下。

(1) XY 散点图

XY 散点图与折线图类似，它不仅可以用线段，还可以用一系列的点来描述数据。XY 散点图除了可以显示数据的变化趋势外，更多地用来描述数据之间的关系。例如，几组数据之间是否相关，是正相关还是负相关，以及数据之间的集中程度和离散程度等。XY 散点图共有 5 个子图表类型：散点图、平滑线散点图、无数据点平滑线散点图、折线散点图和无数据点折线散点图。其中的平滑线散点图可以自动对折线做平滑处理，更好地描述变化趋势，是化工原理实验数据处理中最常用的作图方法。

(2) 柱形图

柱形图又称直方图，主要用来反映一个数据序列随另一数据序列的变化趋势和几个数据序列的差异。柱形图用于显示一段时间内的数据变化或说明项目之间的比较结果。通过水平组织分类、垂直组织值可以强调说明一段时间内的变化情况。

(3) 条形图

条形图有些如水平的柱形图，使用水平横条的长度来表示数据值的大小。条形图主要用来比较不同类别数据之间的差异情况。一般在垂直轴上标出分类项，而在水平轴上标出数据的大小。这样可以突出数据之间差异的比较，而淡化时间的变化。例如要分析某公司在不同地区的销售情况，可使用条形图：在垂直轴上标出地区名称，在水平轴上标出销售额数值。条形图共有 6 个子图表类型：簇状条形图、堆积条形图、百分比堆积条形图、三维簇状条形图、三维堆积条形图和三维百分比堆积条形图。

(4) 折线图

折线图是用直线段将各数据点连接起来而组成的图形，以折线方式显示数据的变化趋势。在折线图中，数据是递增还是递减，增减的速率、增减的规律（周期性、螺旋性等）、峰值等特征都可以清晰地反映出来。所以，折线图常用来分析数据随时间的变化趋势，也可用来分析多组数据随时间变化的相互作用和相互影响。例如，可用来分析某类商品或是某几类相关的商品随时间变化的销售情况，从而进一步预测未来的销售情况。在折线图中，一般水平轴（X 轴）用来表示时间的推移，并且间隔相同；而垂直轴（Y 轴）代表不同时刻的数据大小。折线图共有 7 个子图表类型：折线图、堆积折线图、百分比堆积折线图、数据点折线图、堆积数据点折线图、百分比堆积数据点折线图和三维折线图。

7.2.2 建立图表举例

Excel 提供的工具"图表向导"可以帮助我们顺利完成建立图表的工作。

【例 7-3】 已知实验数据如图 7-7 所示。试用图形来表示数据间的关系。

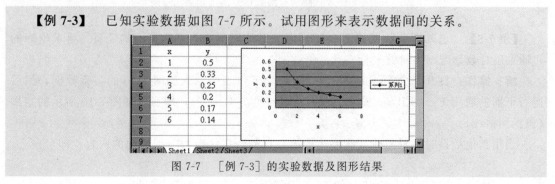

图 7-7　［例 7-3］的实验数据及图形结果

解：本例可用 XY 散点图来反映数据间的关系。在工作表中操作：

① 选中 x、y 下面含有数据的单元格区域。

② **操作**：插入→图表→出现"图表向导"对话框，选 XY 散点图→子图表类型（选"平滑线散点图"，如图 7-8 所示）→下一步→下一步，输入 x、y→下一步→完成。结果如图 7-7 所示。

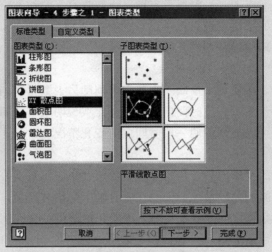

图 7-8 "图表向导"对话框

【**例 7-4**】 已知数据如图 7-9 所示。试用直方图来直观表示数据的分布。

解：本例可用柱形图来反映数据间的关系。在工作表中操作如下。

① 选中含有数据的单元格区域（A2:B6）。

② **操作**：插入→图表→柱形图→子图表类型（选第一个图）→下一步→下一步→下一步→完成。结果如图 7-9 所示。

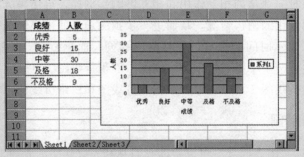

图 7-9 ［例 7-4］的数据及图形结果

【**例 7-5**】 已知实验数据如图 7-10 所示。试用图形来表示数据间的关系。要求坐标的 x 轴采用对数刻度（半对数坐标）。

解：操作：打开一个 Excel 工作簿，在一个工作表中输入如图 7-10 的实验数据，然后运行下面的通用 Visual Basic 程序（输入及运行见 7.1.4 节），即显示如图 7-10 所示的结果（包括网格线）。

当用其他数据时，只需改变程序体中第一行的数据区参数（引号内的内容）即可。

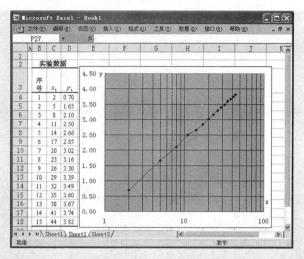

图 7-10　[例 7-5] 的数据及图形结果

```
Sub 对数图表()
    Set 数据区= Range("C4:D18")
    工作表= ActiveSheet.Name
    Charts.Add
    ActiveChart.ChartType= xlXYScatter
    ActiveChart.SetSourceData Source:= 数据区, PlotBy:= xlColumns
    ActiveChart.Location Where:= xlLocationAsObject, Name:= 工作表
Set 图= ActiveChart
        图.Axes(xlCategory).HasMajorGridlines= True
        图.Axes(xlCategory).HasMinorGridlines= True
        图.Axes(xlValue).HasMajorGridlines= True
    图.Axes(xlCategory).Select
    With 图.Axes(xlCategory)
        .MinimumScaleIsAuto= True
        .MaximumScaleIsAuto= True
        .MinorUnitIsAuto= True
        .MajorUnitIsAuto= True
        .Crosses= xlAutomatic
        .ScaleType= xlLogarithmic
    End With
End Sub
```

或按 [例 7-3] 完成 XY 散点图，在图的 x 轴处右击，出现快捷菜单，如图 7-11 所示。点击"坐标轴格式"选项，在"坐标轴格式"对话框中选中"对数刻度"选项，确定即可。

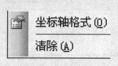

图 7-11　快捷菜单

注意：对数轴上的值始终只显示为 10 的整数幂。

【例 7-6】 流体阻力实验中得到数据结果如下。

Re	3.10×10^3	6.03×10^3	1.21×10^4	2.08×10^4	3.95×10^4	9.76×10^4
$\lambda/[\mathrm{W/(m\cdot ℃)}]$	0.0481	0.0400	0.0330	0.0301	0.0262	0.0211

试用图形来表示数据间的关系。要求坐标的 X 轴、Y 轴均采用对数刻度（双对数坐标）。

解：按 [例 7-3] 完成 XY 散点图。

① 在图的 X 轴处右击，再点击"坐标轴格式"选项，在"坐标轴格式"对话框中选中"对数刻度"项，如图 7-12 所示。

② 在图的 Y 轴处右击，再点击"坐标轴格式"选项，在"坐标轴格式"对话框中选中"对数刻度"项等，如图 7-13 所示。

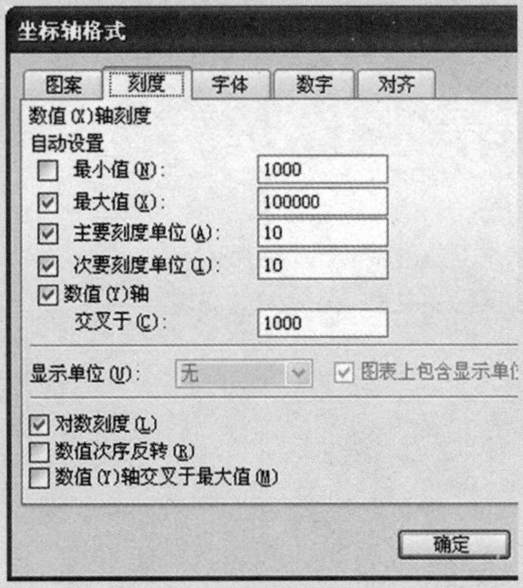

图 7-12　[例 7-6] X 轴设置 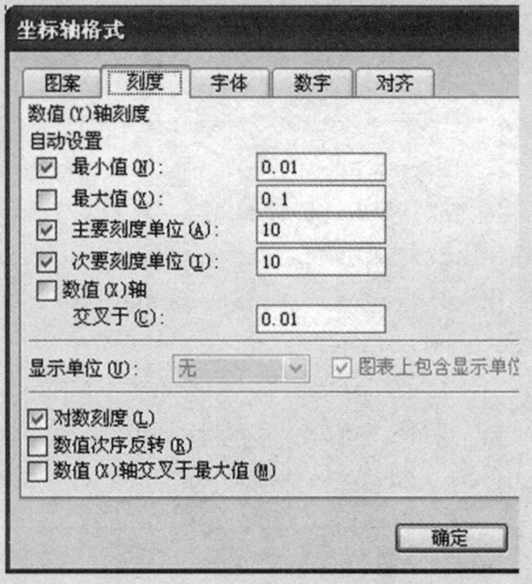　　　　图 7-13　[例 7-6] Y 轴设置

③ 在图的右上角空白处右击，再点击"图表选项"选项，出现"图表选项"对话框，完成网格设置如图 7-14 所示，完成图表如图 7-15 所示。

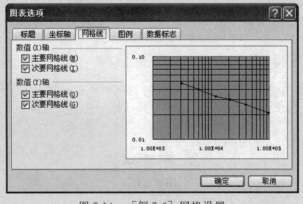

图 7-14　[例 7-6] 网格设置

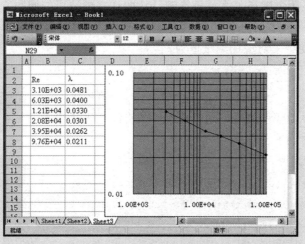

图 7-15　[例 7-6] 完成图表

【例 7-7】　已知实验数据如图 7-16 所示，要求制作双 y 轴的图表。

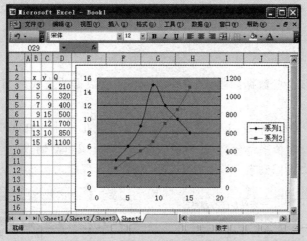

图 7-16　[例 7-7] 完成图表

解：操作步骤如下。

① 选定数据区域，插入→图表→出现"图表向导"对话框，选 XY 散点图→子图表类型（选"平滑线散点图"，如图 7-8 所示），点击"完成"按钮，此时图中出现两条曲线。

② 双击需要用右坐标轴标识的曲线，出现"数据系列格式"对话框，选坐标轴→选次坐标轴→点击"确定"按钮，结果显示如图 7-16 所示。

7.3　一元线性回归程序

回归分析是处理变量之间相关关系的数学工具，是数理统计的方法之一。它可以帮助人们从一组实验数据出发，分析变量间存在什么样的关系，并建立这些变量间的回归方程；可以根据建立的经验公式，去预测实验结果，估计预测的精度；还可以进行因素分析，确定因素对实验结果是有显著影响还是无显著影响，从而建立更适用的回归方程。本节仅给出一元线性回归程序。

设自变量 x 与变量 y 对应的测量值为

$$\begin{matrix} x & x_1 & x_2 & \cdots & x_i & \cdots & x_n \\ y & y_1 & y_2 & \cdots & y_i & \cdots & y_n \end{matrix}$$

如果变量间存在着线性关系，则可选用一条直线来表达二者的关系：$\hat{y}=a+bx$。

回归分析的程序如下。

```
Sub 一元线性回归( )
    Names.Add ActiveSheet.Name &"! x","= $ B$ 3:$ B$ 999"      '命名 x
    Names.Add ActiveSheet.Name &"! y","= $ C$ 3:$ C$ 999"      '命名 y
    [A3:A999] = "= IF(LEN(B3),ROW()-2,"""")"           '输入自动产生序号公式
    [G3] = "= SLOPE(Y,x)"                                 '计算 b
    [G4] = "= INTERCEPT(Y,x)"                             '计算 a
    [G5] = "= PEARSON(x,Y)"                          '计算 rxy  相关系数
    [D3:D999] = "= IF(LEN(B3),FORECAST(B3,Y,x),"""")"   '计算 y 估计
    [f9] = "= FORECAST(E9,Y,x)"                      '由给定的 x0 计算 y0
End Sub
```

【例 7-8】 已知实验数据如图 7-17 所示，试求该数据的直线回归方程，并预测 $x_0=45$ 时 y_0 的值。

解： 如图 7-17 所示，在新打开的一个 Excel 工作簿的一个工作表中输入有关数据（斜体字部分）和文本（粗体字部分）。然后在 Visual Basic 编辑器插入的一个模块中输入“一元线性回归”程序，再回到有实验数据的工作表中运行程序，运行结果如图 7-18 所示。

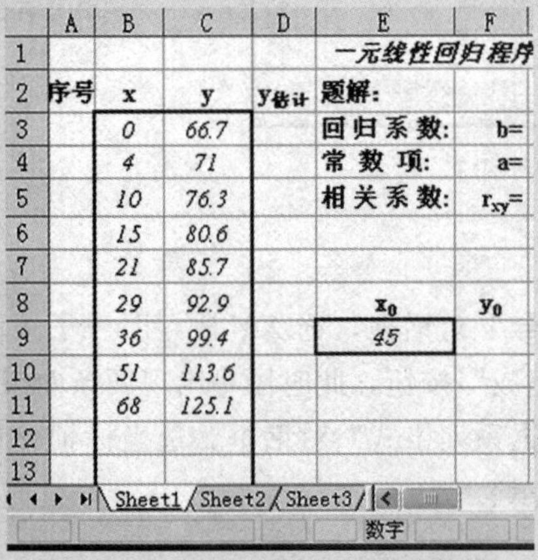

	A	B	C	D	E	F
1					一元线性回归程序	
2	序号	x	y	y估计	题解:	
3		0	66.7		回归系数:	b=
4		4	71		常数项:	a=
5		10	76.3		相关系数:	rxy=
6		15	80.6			
7		21	85.7			
8		29	92.9		x0	y0
9		36	99.4		45	
10		51	113.6			
11		68	125.1			
12						
13						

图 7-17 ［例 7-8］输入实验数据

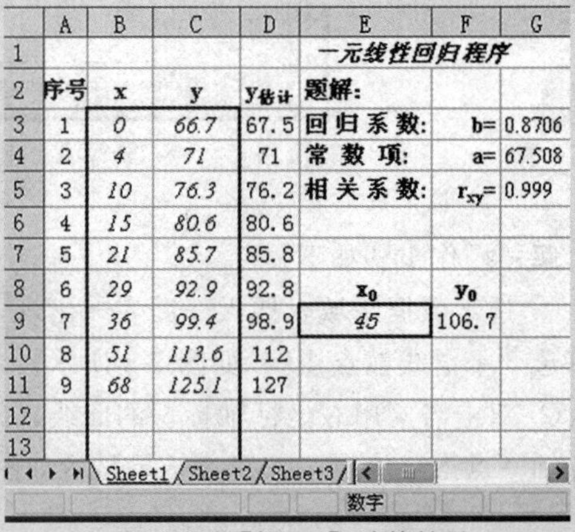

	A	B	C	D	E	F	G
1					一元线性回归程序		
2	序号	x	y	y估计	题解:		
3	1	0	66.7	67.5	回归系数:	b=	0.8706
4	2	4	71	71	常数项:	a=	67.508
5	3	10	76.3	76.2	相关系数:	rxy=	0.999
6	4	15	80.6	80.6			
7	5	21	85.7	85.8			
8	6	29	92.9	92.8	x0	y0	
9	7	36	99.4	98.9	45	106.7	
10	8	51	113.6	112			
11	9	68	125.1	127			
12							
13							

图 7-18 ［例 7-8］计算结果

图 7-18 所示的工作表是一个智能化、全自动的应用程序。如果使用新的实验数据，则只需清除原数据输入新的数据，就会立即显示新的结果，不需要做其他任何操作（不必再运行 VBA 程序“一元线性回归”）。如有实验数据：

x	181	197	235	270	289	292
y	36.9	46.7	63.7	77.8	84.0	87.5

求直线回归方程。预测 $x_0=280$ 时 y_0 的值。此时清除（注意不是删除）图 7-18 所示的工作表原数据，在框内输入上面的新数据，立即显示新的计算结果，如图 7-19 所示。

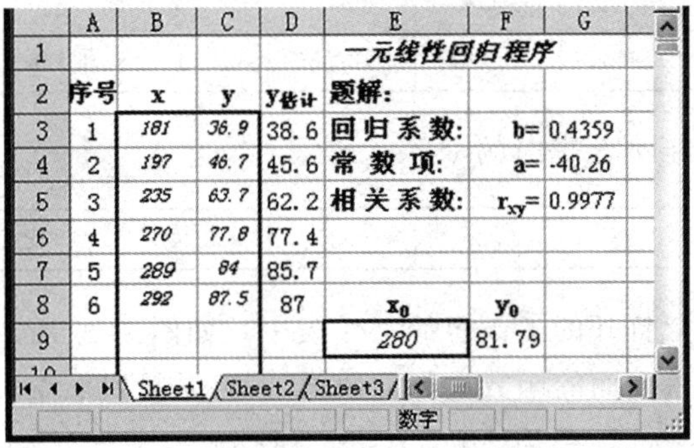

	A	B	C	D	E	F	G
1					一元线性回归程序		
2	序号	x	y	y估计	题解:		
3	1	181	36.9	38.6	回归系数:	b=	0.4359
4	2	197	46.7	45.6	常数项:	a=	-40.26
5	3	235	63.7	62.2	相关系数:	r_{xy}=	0.9977
6	4	270	77.8	77.4			
7	5	289	84	85.7			
8	6	292	87.5	87	x_0	y_0	
9					280	81.79	

图 7-19　新实验数据计算结果

7.4 插值计算程序

已知函数 $y(x)$ 的一组数据 (x_1, y_1)，(x_2, y_2)，…，(x_n, y_n) 对于给定的 x，选取最靠近它的 3 个插值点，应用公式计算出对应 x 的函数值 $y(x)$。其计算公式为

$$y(x)=\sum_{j=k}^{k+2}\prod_{\substack{j=k\\ i\neq j}}^{k+2}\left(\frac{x-x_i}{x_j-x_i}\right)y_i$$

下面是插值计算程序的 VBA 程序。

```
Function 插值(X, Y, U)
  N= X.Count
  For K= 1 To N- 1
    If (U- X(K))* (U- X(K+ 1))< = 0 Then GoTo 10
  Next K
  If(U- X(1))< (U- X(N))Then K= 1 Else K= N- 1
10 G= (U- X(K))< (U- X(K+ 1))
If K= N- 1 Or K<> 1 And G Then K= K- 1
  V= 0
  For I= K To K+ 2
      L= 1
      For J= K To K+ 2
        If I<> J Then L= L* (U- X(J))/(X(I)- X(J))
      Next J
      V= V+ L* Y(I)
  Next I
  插值= V
End Function
```

该程序是一个函数过程，具体使用看下面的例子。

【例 7-9】 已知数据如下：

x	0.20	0.24	0.28	0.32	0.36	0.40
$y(x)$	0.19867	0.2377	0.27636	0.31457	0.35227	0.38942

用插值函数求 u 为下列数据时的 $y(u)$ 值。

u	0.22	0.26	0.30	0.34	0.38	0.40

解：将数据输入一个打开的工作簿的工作表中，如图 7-20 所示，在 Visual Basic 编辑器插入的一个模块中输入上面的函数过程"插值"，再返回到工作表中。

在 E2 单元格填入 "公式：＝插值（＄B＄2:＄B＄7,＄C＄2:＄C＄7,D2）"，然后向下填充至 E7 单元格，即得结果（如图 7-20 所示）。

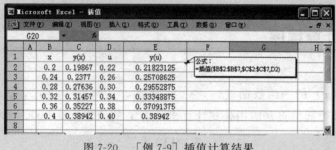

图 7-20　［例 7-9］插值计算结果

第8章 化工原理实验报告的撰写

8.1 实验报告的撰写要求

按照一定的格式和要求表达实验过程和结果的文字材料,称为实验报告。它是实验工作的全面总结和系统概括,是实验工作不可缺少的一个环节。

编写实验报告的过程,就是对所测取的数据加以处理,对所观察的现象加以分析,从中找出客观规律和内在联系的过程。如果做了实验而不写出报告,就等于有始无终,半途而废。因此,进行实验并写出报告,对于理工科大学生来讲,是一种必不可少的基础训练,有助于研究报告和科研论文的撰写。

完整的实验报告一般包括以下几方面的内容。

(1) 实验名称

实验报告的名称又称标题,应列在报告的最前面。实验名称应简洁、鲜明、准确。数字要尽量少,一目了然,能恰当地反映实验内容,如《氧解吸实验》、《空气对流传热系数的测定》、《离心泵特性曲线测定实验》等。

(2) 实验目的

实验目的又称实验任务,是指该项实验所要完成的任务和达到的目的,一般在实验项目前有说明。要简明扼要地说明为什么进行本实验,实验要解决什么问题,也可进一步整理并加以说明。如,《精馏实验》中实验目的是这样写的:"① 测定全回流条件下的全塔效率和单板效率;② 测定部分回流条件下的全塔效率;③ 测定精馏塔的塔板浓度(温度)分布。"

(3) 实验原理

实验原理主要包括实验涉及的主要概念、实验依据的重要定律和公式,以及据此推算的重要结果。要求应抓住问题的中心和关键,简明扼要,说明清晰,不要照抄讲义。

(4) 实验装置流程示意图

要绘出实验装置流程示意图和测试点的位置及主要设备、仪表的名称(在本书第3章、第4章中有参考图),标出设备、仪器仪表及调节阀等的标号,在流程图的下面写出图名及与标号相对应的设备仪器等的名称。需要强调的是,所绘制的流程图一定和所做的实验流程相符,不能简单照抄讲义,流程图中各部位和设备的表示法可按一般方法,繁简可变,但要表示完整，各部位要用标号注明，尤其是实验操作的关键部位、部件，要标注清楚。建议学生在编写实验报告时，最好按绘制工艺流程图的要求绘制。

(5) 实验操作方法和注意事项

根据实际操作程序，按时间的先后划分几个步骤，并在前面加上序号，如1，2，3，…，以使条理更加清晰。实验步骤的划分，多以某一组改变因素（参数）为根据。对于操作过程的说明应简单、明了。对于容易引起危险、损坏仪器仪表或设备，以及一些对实验结果影响比较大的操作，应在注意事项中注明，以便引起注意。

(6) 实验数据的记录

实验数据是实验过程中从测量仪表上所读取的数值，要根据仪表的精度确定实验数据的有效数字位数。读取数据的方法要正确，记录数据要准确，通常将数据先记录在原始数据记录表格里。当数据较多时，此表格宜作为附录放在报告的后面。

(7) 数据整理表与作图

数据整理是实验报告的重点内容之一，要求将实验数据整理、加工成图或表格的形式。数据整理时，应根据有效数字的运算规则进行，一般将主要的中间计算值和最后计算结果列在数据整理表格中。表格要精心设计，使其易于显示数据的变化规律及各参数的相关性。为了能更直观地表达变量间的相互关系，有时采用作图法，即用相对应的各组数据确定出若干坐标点，然后依点画出相关曲线。实验数据不经重复实验不得修改，更不得伪造数据。

(8) 实验数据处理

这部分内容是实验报告的中心，一般应包括以下4部分内容。

① 有完整的与实验目的一致的数据表格。表格有原始记录数据表格和经数据处理的主要参数表格（数据结果表格），二者也可以结合成一个表格。

② 有一组完整的数据计算示例，而且在同一个实验组中，每个人取不同组数据做计算示例。

③ 绘制实验结果的图线。

④ 实验结果的数学表达式。

(9) 实验结果的分析与讨论

实验结果的分析与讨论十分重要，是对实验方法和结果的综合分析。讨论范围应只限于本实验相关内容。具体如下：

① 从理论上对实验所得结果进行分析和解释，说明其必然性。

② 对实验结果的误差分析和实验中出现的问题、现象的分析讨论。一个好的实验报告必须有好的讨论内容。实验中的问题分析和讨论可以参考本书第3章［实验思考题］部分，应该在理解的基础上与理论知识相结合，用自己的语言讨论。也可以自己拟定讨论题，对实验中的一些现象、出现的问题以及实验装置本身性能的优劣等发表议论，提出见解和看法。讨论题目不要过多，一般为2~3题，但只要有问题讨论，就应该较深入地进行，不应三言两语。也可以从不同侧面去讨论，说清自己想说的中心意思，个人讨论的内容都应该有个人的特点，不允许照抄。

③ 本实验结果在生产实践中的价值和意义。

④ 由实验结果提出进一步的研究方向或对实验方法及装置提出改进的建议等。

(10) 实验结论

实验结论是根据实验结果所做出的最后判断，得出的结论要从实际出发，有理论依据。

此外，为了进一步提高理工科大学生对实验数据的处理、分析和总结以及科技论文的写作能力，实验的总结亦可采用撰写科技论文的方式完成。撰写科技论文，除了要求其内容具有鲜明的科学性和创新性外，对论文的规范性亦有严格要求。一篇论文先写什么，后写什么，各部分应写什么内容以及有关文字、技术细节，包括名词术语、数字、符号、量和单位的使用、图表的设计、参考文献的著录等都应符合标准化和规范化的要求。一般科技期刊论文的组成部分和排列次序为：题名、作者署名、文摘、关键词、中图分类号、引言、正文、结论（和建议）、致谢（必要时）、参考文献、附录（必要时）。

8.2 实验报告撰写示例

吉林化工学院

化工原理实验报告

题目：空气对流传热系数的测定

班　　级：　李某某　
姓　　名：　化工 1401　
学　　号：　××　
撰写日期：　2016.10.30

实验题目		空气对流传热系数的测定		成绩	
姓名	李某某	班级	化工1401	学号	××
合作者	张某某、郭某某		撰写日期	2016.×.×	

一、实验目的

① 测定空气在圆直管中强制对流时的对流传热系数。
② 通过实验掌握确定对流传热系数特征数关系式中的系数 C 和指数 p、n 的方法。
③ 通过实验提高对特征数的理解,并分析影响 α 的因素,了解工程上强化传热的措施。
④ 了解热电偶和热电阻的使用和测温方法。
⑤ 掌握强制对流传热系数 α 及传热系数 K 的测定方法。

二、实验基本原理(简述)

热冷流体间的传热过程是由对流—导热—对流三个过程串联组合而成的。

一般情况下,饱和水蒸气的冷凝给热和导热过程的热阻都比较小,主要热阻集中在管内空气的一侧。当空气在圆管内进行强制湍流流动时,壁面与流体之间对流过程的热阻主要集中在层流底层。

(1) 对流传热系数 K 的测定

$$Q = KA\Delta T_m \quad Q = q_m C_p (T_2 - T_1)$$

$$\Delta T_m = \frac{(T_{w2} - T_1) - (T_{w1} - T_2)}{\ln \frac{(T_{w2} - T_1)}{(T_{w1} - T_2)}}$$

(2) 对流传热系数 α 的测定

在蒸汽-空气换热系统中,若忽略金属管壁厚度与污垢热阻,则

$$\frac{1}{K} \approx \frac{1}{\alpha_1} + \frac{1}{\alpha_2}$$

分析可知蒸汽对流传热系数远大于空气对流的传热系数,即 α_1 远大于 α_2,所以 $K = \alpha_2$。

(3) 对流传热系数特征数关联式的实验确定

如当空气在圆直管中强制对流传热时,对流传热系数的特征数关联式:$Nu = CRe^p Pr^n$

取 $n=4$ 流体(被加热)。这样,上式即变为单变量方程,在两边取对数,得到的直线方程为

$$\lg \frac{Nu}{Pr^{0.4}} = \lg C + p \lg Re$$

在双对数坐标中作图,求出直线斜率,即为方程的指数 p;由截距求 C。

(4) 温度与流量的测定

空气流量采用孔板流量计测得,其公式为

$$q_V = 26.2\Delta p^{0.54}$$

三、实验步骤(简述)

① 实验开始前,先弄清配电箱上各按钮与设备的对应关系,以便正确使用。
② 检查蒸汽发生器中的水位,使其保持在水罐高的 2/3。
③ 打开总电源开关(红色按钮熄灭,绿色按钮亮,以下同)。
④ 实验开始时,关闭蒸汽发生器补水阀,启动风机,并接通蒸汽发生器的加热电源,打开放气阀。
⑤ 控制空气流量在某一值。仪表数值稳定后,记录数据,改变空气流量(8 次),重复实验,记录数据。
⑥ 在换热器的内管中插入混合器,重复以上步骤④、⑤,再次进行实验。
⑦ 实验结束后,先停蒸汽发生器电源,再停风机,清理现场。

四、实验注意事项

① 实验前,务必使蒸汽发生器液位合适。一般水位高度为蒸汽发生器高度的 2/3。
② 为保证湍流状态,孔板压差计的读数不应从零开始,实验中要合理取点,以保证数据点的均匀。
③ 注意旁路阀的正确使用方法。
④ 操作小心,防止烫伤。
⑤ 每改变一个流量后,待数据稳定再测取数据(两数据间一般间隔 3~5min)。

五、实验装置及流程示意图

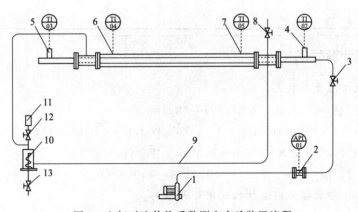

图 1 空气对流传热系数测定实验装置流程

1—风机;2—孔板流量计;3—空气流量调节阀;4—空气入口测温点和温度显示表;
5—空气出口测温点和温度显示表;6—水蒸气入口壁温和温度显示表;
7—水蒸气出口壁温和温度显示表;8—不凝气体放空阀;9—冷凝水回流管;
10—蒸汽发生器;11—补水漏斗;12—补水阀;13—排气阀

六、实验原始数据

表1 空气对流传热系数测定实验原始记录表

管径:$d=0.02$m,大气压:$p=99.86$Pa,管长:$l=1.25$m

序号	进口温度/℃	出口温度/℃	壁温1/℃	壁温2/℃	孔板压差/kPa	压降/kPa
1	18.2	55.3	99.5	99.3	0.13	0.17
2	18.6	60.0	99.6	99.5	0.15	0.19
3	19.0	61.8	99.5	99.5	0.17	0.23
4	19.8	62.9	99.5	99.5	0.21	0.27
5	20.9	63.6	99.6	99.6	0.25	0.32
6	22.6	64.0	99.5	99.5	0.30	0.37
7	24.5	65.3	99.7	99.7	0.37	0.44
8	26.8	65.7	99.7	99.7	0.44	0.50

表2 加入混合器后空气对流传热系数测定实验原始记录表

序号	进口温度/℃	出口温度/℃	壁温1/℃	壁温2/℃	孔板压差/kPa	压降/kPa
1	28.6	79.6	99.4	99.3	0.22	0.74
2	28.0	80.5	99.3	99.5	0.30	0.27
3	27.6	80.0	99.5	99.3	0.41	1.96
4	27.4	79.1	99.4	99.3	0.55	2.78
5	27.5	78.5	99.6	99.2	0.71	3.75
6	27.9	78.0	99.5	99.3	0.90	4.87
7	28.5	77.5	99.6	99.3	1.12	6.11
8	29.9	77.1	99.7	99.4	1.36	7.50

七、实验数据计算举例

冷流体物性与温度关系式:

(1) $\rho = 10^{-5}t^2 - 4.5 \times 10^{-3}t + 1.2916$ (kg/m³)

(2) 60℃以下 $C_p = 1005$J/(kg·℃);70℃以上 $C_p = 1009$J/(kg·℃)

(3) $\lambda = -2 \times 10^{-8}t^2 + 8 \times 10^{-5}t + 0.0244$ [W/(m·℃)]

(4) $\mu = (-2 \times 10^{-6}t^2 + 5 \times 10^{-3}t + 1.7169) \times 10^{-5}$ (Pa·s)

以表1中第1组数据为例做数据处理计算举例。

管内传热面积 $A = A_2 = \pi dl = 0.0785$m²

管内空气平均温度 $\bar{t} = \dfrac{1}{2} \times (18.20 + 55.3) = 36.75$℃

$C_p = 1005$J/(kg·℃)

$\rho = 10^{-5} \times 36.75^2 - 4.5 \times 10^{-3} \times 36.75 + 1.2916 = 1.1397$kg/m³

$\lambda = -2 \times 10^{-8} \times 36.75^2 + 8 \times 10^{-5} \times 36.75 + 0.0244 = 0.0273$W/(m·℃)

$$\mu = (-2 \times 10^{-6} \times 36.75^2 + 5 \times 10^{-3} \times 36.75 + 1.7169) \times 10^{-5} = 1.90 \times 10^{-5} \text{Pa·s}$$

$$\Delta t_m = \frac{(99.5-55.3)-(99.3-18.2)}{\ln\frac{99.5-55.3}{99.3-18.2}} = 60.79\,℃ \qquad q_m = q_V \rho = 26.2\rho(\Delta p)^{0.54} \qquad \Delta p = 0.17\text{kPa(测定值)}$$

$$K A \Delta t_m = q_m C_p (t_2 - t_1) \Rightarrow K = \frac{q_m C_p (t_2 - t_1)}{A \Delta t_m} = 23.6\,\text{W/(m}^2\cdot℃) = \alpha_2$$

$$Nu = \frac{\alpha_2 d}{\lambda} = \frac{23.62 \times 0.02}{0.0273} = 17.30$$

$$Re = \frac{du\rho}{\mu} = \frac{0.02 \times \frac{q_V}{(\pi/4)d^2 \times 3600} \times 1.1397}{1.90 \times 10^{-5}} = 9267.71$$

$$Pr = \frac{C_p \mu}{\lambda} = \frac{1005 \times 1.90 \times 10^{-5}}{0.0273} = 0.6994$$

$$\lg\frac{Nu}{Pr^{0.4}} = \lg\frac{17.28}{0.6994^{0.4}} = 1.30 \qquad \lg Re = \lg 9267.71 = 3.97$$

八、实验数据的结果汇总表

表3　空气对流传热系数测定实验结果汇总表

序号	$t_{平均}/℃$	C_p/[J/(kg·℃)]	ρ/(kg/m³)	$\Delta t_m/℃$	K/[W/(m²·℃)]	λ/[W/(m·℃)]	μ/Pa·s	Re	Pr	$\lg(Nu/Pr^{0.4})$	$\lg Re$	Nu
1	36.75	1005	1.140	60.79	23.68	0.0273	1.90×10⁻³	9276.71	0.6994	1.30	3.97	17.30
2	39.30	1005	1.130	57.81	29.72	0.0275	1.91×10⁻³	9867.45	0.6978	1.40	3.99	21.61
3	40.40	1005	1.126	56.42	33.57	0.0276	1.92×10⁻³	10491.16	0.6976	1.45	4.02	24.34
4	41.35	1005	1.123	55.38	38.50	0.0277	1.92×10⁻³	11695.48	0.6973	1.51	4.07	27.85
5	42.25	1005	1.119	54.53	42.44	0.0277	1.92×10⁻³	12784.08	0.6972	1.55	4.11	30.63
6	43.30	1005	1.115	53.63	46.08	0.0278	1.93×10⁻³	14022.76	0.6969	1.58	4.15	33.17
7	44.90	1005	1.110	52.04	52.10	0.0280	1.94×10⁻³	15560.18	0.6966	1.63	4.19	37.35
8	46.25	1005	1.105	50.87	55.59	0.0281	1.94×10⁻³	16954.55	0.6963	1.66	4.23	39.71

表4　加入混合器后空气对流传热系数测定实验结果汇总表

序号	$t_{平均}/℃$	C_p/[J/(kg·℃)]	ρ/(kg/m³)	$\Delta t_m/℃$	K/[W/(m²·℃)]	λ/[W/(m·℃)]	μ/Pa·s	Re	Pr	$\lg(Nu/Pr^{0.4})$	$\lg Re$	Nu
1	54.10	1005	1.074	40.82	66.77	0.0287	1.98×10⁻⁵	11154.32	0.6949	1.66	4.05	39.77
2	54.25	1005	1.077	40.26	69.90	0.0287	1.98×10⁻⁵	13177.01	0.6946	1.75	4.12	48.95
3	53.80	1005	1.078	40.81	81.85	0.0286	1.98×10⁻⁵	15637.43	0.6947	1.82	4.19	57.39
4	53.88	1005	1.080	40.59	92.95	0.0286	1.98×10⁻⁵	18381.91	0.6948	1.88	4.26	65.26
5	53.00	1005	1.081	42.02	104.2	0.0286	1.98×10⁻⁵	21129.06	0.6949	1.93	4.32	73.20
6	52.95	1005	1.081	42.23	115.8	0.0286	1.98×10⁻⁵	24.22.13	0.6949	1.97	4.38	81.40
7	53.00	1005	1.081	42.56	126.8	0.0286	1.98×10⁻⁵	27025.79	0.6948	2.01	4.43	89.09
8	53.50	1005	1.080	42.16	136.1	0.0286	1.98×10⁻⁵	29929.54	0.6948	2.04	4.48	95.16

九、实验数据处理结果(绘图,含曲线)

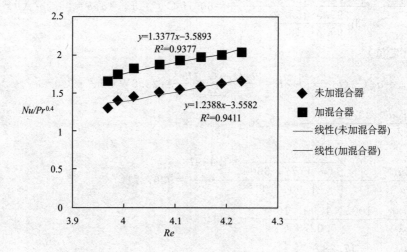

十、实验误差分析与讨论

(1)误差分析

实验过程中,稳定时间不够充足,可能导致存在数据未稳定就读数的现象。

(2)思考题

① 为什么要排除不凝气体?

答:$\alpha_{蒸汽} \gg \alpha_{空气}$,不及时排除不凝气体会大大降低总传热系数。

② 空气流量如何测得?操作时应注意什么问题?

答:采用孔板流量计测定流量,$q_V = 26.2\Delta p^{0.54}$。

测定流量时应注意要控制空气在湍流状态下流动。

③ 本实验中所测定的壁面温度是接近蒸汽侧的温度,还是接近空气的温度?为什么?

答:接近蒸汽侧温度。

因对于冷凝传热而言,壁面温度接近对流传热系数大的一侧温度。

评语与成绩

指导教师:_____　　　批阅日期:_____

附　　录

附录1　实验室的防火与用电知识简介

化工原理实验是一门实践性很强的技术基础实验课，而在实验过程中不可避免要接触易燃、易爆、有腐蚀性和毒性等物质和化合物，同时还会在高压、高温或低温或真空条件下进行操作。此外，还要涉及用电和仪表操作等方面的问题，故要想有效地达到实验目的，就必须掌握安全知识。

1. 防火安全知识

实验室内应配备一定数量的消防器材，实验操作人员要熟悉消防器材的存放位置与有关知识及使用方法。

① 易燃液体（指密度小于水的），如汽油、苯、丙酮等着火，应该用泡沫灭火器来灭火，因泡沫密度比易燃液体小，比空气大，故可覆盖在液体上面隔绝空气。

② 金属钠、钾、钙、镁、铝粉、电石、过氧化钠等着火，可采用干沙灭火，此外还可用不燃性固体粉末灭火。

③ 电器设备或带电系统着火，可用四氯化碳灭火器灭火，但不能用水或二氧化碳、泡沫灭火器。因为后者导电，这样会造成扑火人触电事故。使用时要站在上风侧，以防四氯化碳中毒。室内灭火后应打开门窗通风。

④ 其他情况着火，可用水来灭火。

总之，一旦发生火情，不要慌乱，要冷静地判断情况，采取措施，迅速找来灭火器或用消防水龙头进行灭火，同时立即报警。

2. 用电安全知识

① 实验前必须了解室内总电闸与分电闸的位置，便于发生用电事故时及时切断电源。

② 接触或操作电器设备时，手必须干燥。所有的电器设备在带电时不能用湿布擦拭，更不能有水落在其上。不能用试电笔去试高压电。

③ 电器设备维修时必须停电作业。例如，接保险丝时，一定要拉下电闸后再进行操作。

④ 启动电动机，合闸前先用手转动一下电动机的轴。合上电闸后，立即查看电动机是否转动；若不转动，应立即拉闸，否则电动机很容易烧毁。若电源开关是三相刀开关，合闸时一定

要快速地猛合到底,否则易发生"单跑相",即三相中有一相实际上未接通。

⑤ 电源或电器设备上的保护熔丝或保险管都应按规定电流标准使用,不能任意加大,更不能用铜丝或铝丝代替。

⑥ 若用电设备是电热器,在通电前,一定要搞清楚进行电加热所需要的前提条件是否已经具备。例如,在精馏塔实验中,在接通塔釜电加热器之前,必须搞清楚釜内液面是否符合要求,塔顶冷凝器的冷凝水是否已经打开。干燥实验中,在接通空气预热器的电热器前,必须打开空气风机,才能给预热器通电。另外电热设备不能直接放在木制实验台上使用,必须用隔热材料垫,以防引起火灾。

⑦ 所有电器设备的金属外壳应接地线,并定期检查是否连接良好。

⑧ 导线的接头应紧密牢固,裸露的部分必须用绝缘胶布包好,或者用塑料绝缘管套好。

⑨ 在电源开关与用电器之间若没有电压调节器或电流调节器(其作用是调节用电设备的用电量),则在接通电源开关前,一定要先检查电压或电流调节器当前所处的状态,并将它置于"零位"状态。否则,在接通电源开关时,用电设备会在较大功率下运行,有可能造成用电设备的损坏。

3. 使用高压钢瓶的安全知识

① 使用高压钢瓶的主要危险是钢瓶的爆炸和漏气。若钢瓶受日光直晒或靠近热源,则钢瓶内气体受热膨胀,当压力超过钢瓶的耐压强度时,容易引起钢瓶爆炸。另外,可燃性压缩气体的漏气也会造成危险。应尽可能避免将两种钢瓶放在一起,因为同时漏气更容易引起着火和爆炸。例如,氢气泄漏时,当氢气与空气混合后体积分数达到 4%~75.2% 时,遇明火会发生爆炸。按规定,可燃性气体钢瓶与明火距离为 10m 以上。

② 搬运钢瓶时,应戴好钢瓶帽和橡胶安全圈,并严防钢瓶摔倒或受到撞击,以免发生意外爆炸事故。使用钢瓶时,必须牢靠地固定在架子上、墙上或实验台旁。

③ 绝不可把油或其他易燃性有机物黏附在钢瓶上(特别是出口和气压表处);也不可以用麻、棉等物堵漏,以防燃烧引起事故。

④ 使用钢瓶时,一定要用气压表,而且各种气压表不能混用。一般可燃性气体的钢瓶气门螺纹是反扣的(如 H_2、C_2H_2),不燃性或助燃性气体的钢瓶气门螺纹是正扣的(如氮气、氧气)。

⑤ 使用钢瓶时必须连接减压阀或高压调节阀,不经这些部件而让系统直接与钢瓶连接是十分危险的。

⑥ 开启钢瓶阀门及调压时,人不要站在气体出口的前方,头不要在瓶出口之上,而应在瓶的侧面,以防万一钢瓶的总阀门或气压表被冲出伤人。

⑦ 当钢瓶使用到瓶内压力为 0.5MPa 时,应停止使用。压力过低会给充气带来不安全因素,当钢瓶内压力与外界压力相同时,会造成空气的进入。

附录2 化工原理实验常见故障的原因与排除方法

实验名称	实验故障	产生原因	处理方法
流体流动阻力测定实验	倒U形压差计中的水不水平	管线内有气体	排气
	倒U形压差计液位始终上升	压差计排气阀或连接件漏气	关紧阀门适当拧紧卡套

续表

实验名称	实验故障	产生原因	处理方法
流体流动阻力测定实验	测阻力时流量过大,阻力小	分流	检查切换阀门
	倒U形压差计一端的液位不变,启动泵后无流量	堵塞吸入口、压出口阀门未开	检查测压点和管线阀门打开阀门
离心泵特性曲线测定实验	泵抽不上水	入口阀门关闭 泵体有气体 出口阀关闭	打开入口阀 排气 打开出口阀
	流量过大、功率偏低	灌水阀未关	关闭
恒压过滤常数测定实验	压力表波动较大	板框与板框的安装顺序不对,使流体通道不同	调整板框顺序
传热实验	蒸汽量不足	蒸汽发生器液位和电压过低	补水待电压正常后再做
	出口温度偏低或偏高	测温元件的位置不合理	把铂电阻置于管中心处
	风机的风量不足	风机入口堵塞	清洁吸入口
	壁温过高	防空阀关闭	打开防空阀
	套管内存积液体过多	回流不好	检查回流管线
精馏实验	回流不畅	气阻	打开放空阀
	上升气量过少	电压过低	调整加热电压值
	塔顶冷凝器过热	冷凝量不足	加大冷却水的量
	塔柱液体过多	电压过高	调整加热电压值
氧解吸实验	空气流量过小	风机吸入端堵塞 系统压力太大	清理吸入口 检查流程
	水量不足	水压太小或涡轮被堵塞 喷淋头或吸收柱支撑网堵塞	加大水压或清理涡轮 清洗
	取样困难	阀门堵塞	清洗
	安全阀放空	氧气减压阀调压过高或过低	调低或调高压力 先开氧气再开水
	氧气流量计进水	阀门切换错误	
干燥实验	箱式干燥器:打开电开关后天平不能正常运行	气速过大 天平被卡住	调整气速和天平
	流化床干燥器	物料量过大	取出一些物料
	床层不沸腾	空气的流量小	检查风机系统
	温度控制失灵	仪表故障	检查仪表
	干燥速率小	控温过低	提高温度(调整电压)
	干、湿球温度相近	湿球温度计缺水	加水
伯努利仪演示实验	按电钮启动,电动机不转	泵内产生气体或有污物存在,泵轴被卡住	调整黄铜排气螺塞,排除气体或污物
AI仪表	设定值窗口闪动并显示"orAL"	信号超出量程	调整DIL、DIH参数
	测量值零点漂移		使用Se参数调整
	温度显示不正常	信号线断路	检查信号线接头并连通
控制柜	按电钮启动,电动机不转	电路被保护切断	检查空气开关、继电器,复位按钮并导通

参 考 文 献

[1] 史贤林，天恒水，张平．化工原理实验［M］．上海：华东理工大学出版社，2005．
[2] 王雅琼，许文林．化工原理实验［M］．北京：化学工业出版社，2004．
[3] 雷良恒，潘国昌，郭庆丰．化工原理实验［M］．北京：清华大学出版社，1996．
[4] 冯亚云，冯朝伍，张金利．化工基础实验［M］．北京：化学工业出版社，2000．
[5] 李云雁，胡传荣．试验设计与数据处理［M］．第2版．北京：化学工业出版社，2008．
[6] 杨祖荣．化工原理实验［M］．第2版．北京：化学工业出版社，2014．
[7] 柴诚敬．化工原理［M］．北京：高等教育出版社，2005．
[8] 盛克仁．过程测量仪表［M］．北京：化学工业出版社，1992．
[9] 马文瑾．化工基础实验［M］．北京：冶金工业出版社，2006．
[10] 张金利，等．化工原理实验［M］．天津：天津大学出版社，2005．
[11] 陈寅生．化工原理实验及仿真［M］．上海：东华大学出版社，2005．
[12] 陈敏恒等．化工原理（上、下册）［M］．第4版．北京：化学工业出版社，2015．
[13] 郭庆丰，彭永．化工基础实验［M］．北京：清华大学出版社，2004．
[14] 谭主根．压力测量仪表［M］．北京：机械工业出版社，1981．
[15] 刘欣荣．流量计［M］．北京：水利电力出版社，1990．
[16] 游伯坤，詹宝玛．温度测量仪表［M］．北京：机械工业出版社，1982．
[17] 王森，纪纲．仪表常用数据手册［M］．第2版．北京：化学工业出版社，2006．
[18] 罗传义，时景荣．试验设计与数据处理［M］．长春：吉林人民出版社，2002．
[19] 罗传义，时景荣．VBA程序设计［M］．长春：吉林科学技术出版社，2003．